Layout digital

David Skopec

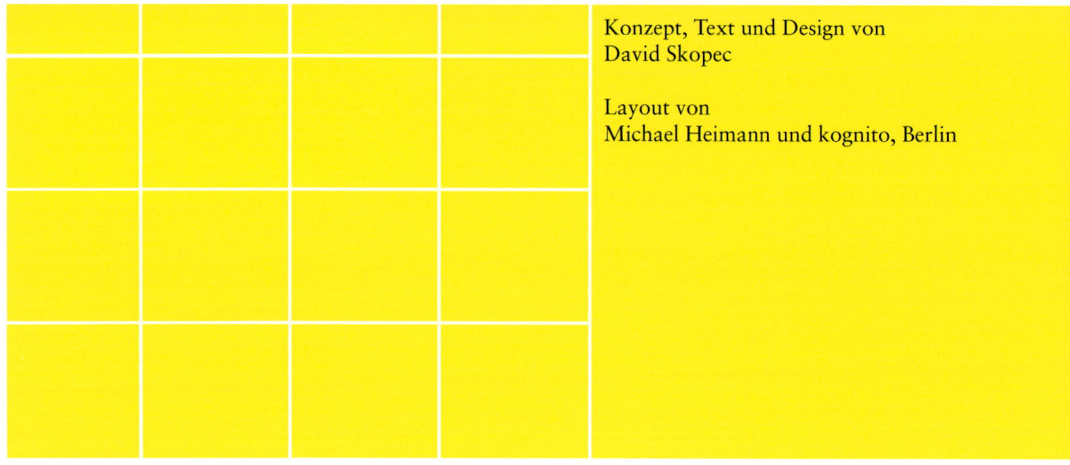

Konzept, Text und Design von
David Skopec

Layout von
Michael Heimann und kognito, Berlin

rororo computer
Herausgegeben von Ludwig Moos

Deutsche Erstausgabe
Veröffentlicht im Rowohlt Taschenbuch Verlag,
Reinbek bei Hamburg, Juli 2004
Copyright © 2004 by Rowohlt Verlag GmbH,
Reinbek bei Hamburg

Die englische Originalausgabe erschien 2003
unter dem Titel «Digital Layout for the Internet
and other Media» bei AVA Publishing SA,
Ch. de la Joliette 2, CH-1000 Lausanne 6

Copyright © 2003 by AVA Publishing SA

Umschlaggestaltung: David Skopec
Die deutsche Ausgabe wurde von
Valérie Wirz, kognito eingerichtet.
Satz: Univers Condensed, Sabon, QuarkXPress 4.1
Production and separations by
AVA Book Production Pte. Ltd., Singapore
Printed in Singapore
ISBN 3 499 61250 X

Layout digital

David Skopec

Rowohlt Taschenbuch Verlag

	Layout, der Entwurf	Layout, das System	Layout, die Erfahrung
Raum			
Basis			
Aktion			

Layout – drei Betrachtungsweisen

Die digitalen Medien sind ein vielschichtiges und sich ständig fortentwickelndes Themenfeld. Planung, Konzeption, Usability, Programmierung – um nur einige zu nennen: Jeder Bereich umfasst ein komplexes Spektrum an Grundlagen und erforderlichem Know-how, jeder ermöglicht eine intensive Auseinandersetzung.
Dieses Buch fokussiert Fragen der Gestaltung und trägt so zur Entschlüsselung der gesamten Thematik bei. Untersucht werden anregende und aufschlussreiche Aspekte, die dem Verständnis grundlegender Zusammenhänge dienen – und gleichzeitig den Blick für die Möglichkeiten öffnen.

Die Struktur dieses Buches greift drei Betrachtungsweisen des Layouts auf: als Entwurf, als System und als Erfahrung. Diese Betrachtungsweisen stehen weniger in einer am Prozess orientierten Ordnung, sie widmen sich vielmehr unterschiedlichen Bereichen der Auseinandersetzung. Man könnte auch sagen, sie entsprechen in etwa der Layout-Betrachtung durch Designer, durch das Entwicklungsteam und durch die Anwender.
Entwurf, System und Erfahrung bilden drei Säulen, die im Inhaltsverzeichnis horizontal in drei Kapitelblöcke unterteilt sind. Durchwoben werden diese von drei Ebenen der Annäherung: Raum, Basis und Aktion. Egal, aus welchem Blickwinkel man das Thema Layout betrachtet, es ergibt sich immer ein schlüssiger Zusammenhang, der Blick auf das Ganze.

Inhalt

	Layout, der Entwurf	Layout, das System	Layout, die Erfahrung
Raum			
Basis			
Aktion			

Layout oder Interface?

Wenn ein Buch vom «Layout für digitale Medien» spricht, sollte man klären, wovon hier die Rede sein soll. Denn dem Begriff «Layout» steht im Jargon der Mediengestaltung der des «Interface» gegenüber. Mit beiden wird oft das Gleiche gemeint, obwohl sie bei genauer Betrachtung Unterschiedliches ausdrücken.

«Interface ist nicht eine Sache», schreibt Gui Bonsiepe in seinem Buch «Interface – Design neu begreifen», «sondern die Dimension, in der die Interaktion zwischen Körper, Werkzeug (Hard-, wie Software) und Handlungsziel gegliedert wird.» [> 0.1.1]

Diese sehr präzise Beschreibung eröffnet für das Layout einen klar abzugrenzenden Definitionsraum: Layout als Reflexion eines Zusammenspiels kommunikativer, kultureller und kognitiver Zielsetzungen, als visuelles Manifest des Interface.

Eine solche Unterscheidung macht Sinn: Denn oft sehen sich die Anwender leider mit bloßem, undifferenziertem «Screendesign» konfrontiert. Deshalb sollte es das Ziel in der Mediengestaltung sein, die Synthese der beiden Dimensionen «Layout» und «Interface» bewusst herbeizuführen, statt von einer diffusen Vermengung auszugehen.

Im vorliegenden Buch beschreibt der Begriff «Layout» in erster Linie die formalen und semantischen Aspekte einer digitalen Anwendung, während mit «Interface» die der Funktion und Interaktion gemeint sind.

Damit lässt sich vielleicht nicht der Sprachgebrauch geraderücken, aber ganz sicher lässt sich in diesem Kontext ein Blickfeld umreißen, welches das Layout unter gestalterischen Gesichtspunkten in den Mittelpunkt rückt. So betrachtet entsteht ein anschlussfähiges Modell der Mediengestaltung, das eine konsequente Verknüpfung mit einer Vielzahl technischer, redaktioneller oder ergonomischer Aspekte ermöglicht – und auch unbedingt erfordert.

Ideenraum

Womit anfangen, worauf konzentrieren und wie den Raum für Ideen schaffen? Gestaltung funktioniert mit einem guten Konzept am besten. Wenn es um das Entwickeln von konzeptionellen Ideen geht, gilt es allerdings, zuerst mit dem Mythos der genialen Eingebung aufzuräumen. Der wohl strukturierte Ansatz und der kalkulierte Regelverstoß helfen oft weiter.

Arbeitsraum

Wie fühlt sie sich an, die virtuelle Materie? Gibt es Ecken im digitalen Raum? Was passiert mit Layouts abseits des Sichtbaren? Der digitale Arbeitsraum besteht aus zahlreichen Dimensionen, die auf die Gestaltung Einfluss nehmen – so vereinfachen Formatdefinitionen, Gliederungs- und Rastersysteme die Planung und Realisierung.

Wirkungsraum

Bei aller viel gelobten Flexibilität der digitalen Medien: es macht einen Unterschied, für welchen Wirkungsraum man ein Layout entwickelt. Einige davon lassen sich klar differenzieren und mit einem Profil entsprechender Anforderungen an das Layout ausstatten: die Voraussetzung für einen wirklich adäquaten Einsatz der digitalen Medien.

Elemente und Objekte

Das Layout regelt das Zusammenspiel sämtlicher visueller Bestandteile des Interface – und die können in Zweck und Erscheinung vielfältig sein. Eine erste Übersicht zu den zentralen Bestandteilen und ihren Eigenschaften schafft Orientierung und ermöglicht das Setzen von Prioritäten.

Struktur und Organisation

Wenn es um die Verständlichkeit eines digitalen Systems geht, spielen Ordnung und Struktur eine außerordentlich wichtige Rolle. Sie helfen den Anwendern, die Eigenschaften eines Interfaces zu erkennen und wiederzuerkennen – ohne dass es dafür vieler Erklärungen bedarf. Und sie sind die Grundlage für eine standardisierte Aufbereitung der Inhalte und die systematisierte Projektentwicklung.

Wahrnehmung des Layouts

Fragen der menschlichen Wahrnehmung ziehen sich wie rote Fäden durch den Gestaltungsprozess. Damit aus der gekonnten Verknüpfung kognitiver Aspekte kein undurchschaubares Gewirr wird, sind die Grundlagen in einem Kapitel zusammengefasst: Wichtige Grundlagen kognitiver Prozesse ohne formal-ästhetischen Ballast.

Montage

Montage macht aus mehreren Einzelteilen ein funktionierendes Ganzes – nicht nur im technischen Sinn, sondern ebenso in seiner semantischen Dimension. Das Arrangement von Figur, Grund und Zeit wird selbst zum mächtigen Gestaltungsmittel, wenn es bewusst eingesetzt wird. Das Ergebnis ist eine visuelle Gestik: der dynamische Gesamtausdruck im Zusammenspiel einzelner visueller Elemente.

Kooperieren

Ein Layout wird nicht nur erarbeitet – mit ihm wird auch gearbeitet. Es wird zur unabdingbaren Arbeits- und Kommunikationsgrundlage, wenn ein Projekt realisiert oder fortentwickelt werden soll. Das erfordert Instrumente, die ein Layout in verständlicher und bedarfsgerechter Weise kommunizieren können.

My Layout

Jeder kann gestalten. Und in einigen digitalen Anwendungen wird einem dies besonders leicht gemacht. Die Verbindlichkeit der expliziten Gestaltung hört jedoch auf, wo sie zur persönlichen Angelegenheit der Anwender wird – jedem seinen Inhalt mit entsprechendem Layout.
Gestalten ohne Layout: Allein die differenzierte Betrachtung der Möglichkeiten wirft ein neues Licht auf die Grundsätze gängiger Vorstellungen vom Entwerfen – und stiftet an zum Weiterdenken.

Layout als Prozess

Auf dem Weg von der Idee bis zur fertigen digitalen Anwendung durchläuft die Arbeit am Layout eine ganze Reihe von Handlungsschritten: Vom Briefing bis zur abschließenden Evaluation – eine eingrenzbare Gestaltungsphase gibt es selten. Und an der Entwicklung einer digitalen Anwendung ist meist ein Team von Spezialisten beteiligt, die ihre ganz speziellen Sichtweisen auf das Layout mit einbringen: Für den einen enden diese beim visionären Prototyp, für andere beginnen sie bei der pixelgenauen Vermaßung zwecks technischer Realisierung. Die Arbeit am Layout ist ein Prozess, der sich nicht auf visuelle Fragen beschränken lässt, sondern mit allen Aspekten

Systematisch oder systemisch?

Betrachtet man die Projektstufen zur Entwicklung einer digitalen Anwendung, dann scheint es eine zeitliche Abfolge zu geben, die eine lineare, systematische Arbeitsweise nahe legt. Doch der Schein trügt: Tatsächlich erfordert der Ablauf der Handlungsschritte ein hohes Maß an Flexibilität.
Ändern der Struktur am Tag der Abgabe? Entwicklung erster Elemente des Styleguide noch vor dem eigentlichen Feinkonzept? Vorentwürfe bei gleichzeitiger Evaluation der Prototypen? Warum nicht? Die Dynamik und die Möglichkeiten des Arbeitens mit und für digitale Medien haben dazu beigetragen, dass anstelle systematischer Regeltreue das systemische Verständnis immer mehr in den Vordergrund rückt und damit Arbeitsweisen, die das Anliegen im Ganzen durchdringen und mit ihm wachsen.

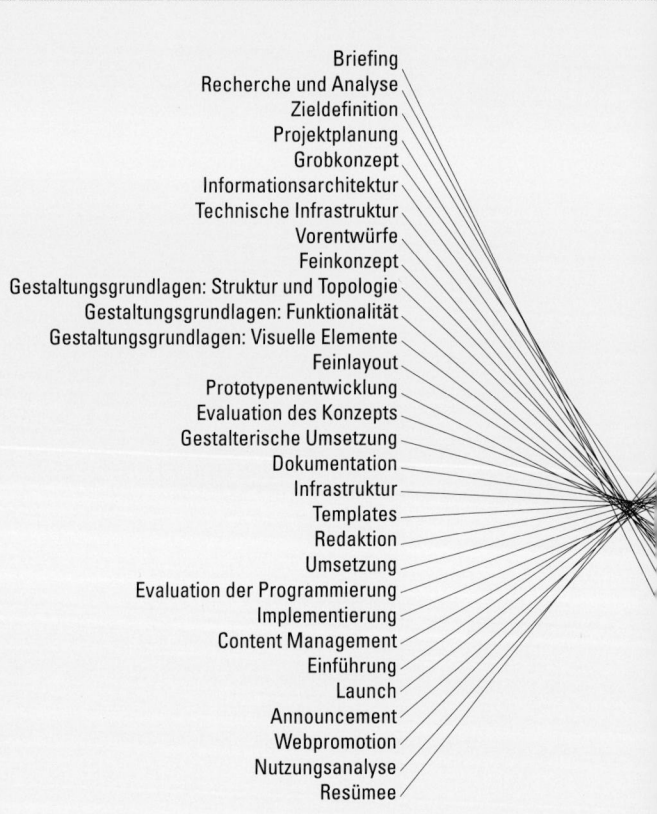

Briefing
Recherche und Analyse
Zieldefinition
Projektplanung
Grobkonzept
Informationsarchitektur
Technische Infrastruktur
Vorentwürfe
Feinkonzept
Gestaltungsgrundlagen: Struktur und Topologie
Gestaltungsgrundlagen: Funktionalität
Gestaltungsgrundlagen: Visuelle Elemente
Feinlayout
Prototypenentwicklung
Evaluation des Konzepts
Gestalterische Umsetzung
Dokumentation
Infrastruktur
Templates
Redaktion
Umsetzung
Evaluation der Programmierung
Implementierung
Content Management
Einführung
Launch
Announcement
Webpromotion
Nutzungsanalyse
Resümee

des digitalen Mediums in systemischer Weise verbunden ist – oft unter völlig neuen Prämissen. Ein gutes Beispiel ist die Trennung von Inhalt und Form. Anders als bei den klassischen Medien können Layoutkonzepte gefordert sein, ohne dass zu diesem Zeitpunkt klar ist, welchen Inhalt sie letztlich aufnehmen werden [> 2.2]. Zudem kann durch Interaktivität und benutzergesteuerte Interessen direkter Einfluss auf das Erscheinungsbild eines Layouts genommen werden [> 3.3].

Auf diese Weise entstehen Formen, die so zuvor niemand entworfen hat, gefüllt mit Inhalten, die erst im Augenblick des Zugriffs zusammengestellt werden.

Das klassische Zusammenspiel von Form und Inhalt tritt in den Hintergrund, zum Vorschein kommt die Gestaltung von Möglichkeiten – eine Herausforderung, die über das Ausprobieren technischer Varianten weit hinausgeht. Es gilt, Qualitäten echter Kommunikation im Auge zu behalten, einer Kommunikation, die Anwender erreicht und Anbietern hilft, ihre Botschaften zu vermitteln.

Dies ist nur möglich, wenn sich Gestalter in den gesamten Entwicklungsprozess einbringen, diesen verstehen und mitgestalten – ausgehend von einem integralen Verständnis vom Layout als einem Prozess.

Dokumentation, Analyse und Archivierung von Projektverlauf und -ergebnissen

Auswertung von Serverstatistiken und direktem Nutzer-Feedback, Optimierung

Eintrag in Suchmaschinen und Verzeichnisse

Cross-mediale Kommunikation zum Launch des Projekts

Freischaltung, Distribution der Medien

Schulungen in Redaktionssystem und Pflege

Administrative und technische Etablierung der Redaktion/des Systems

Upload auf Server oder Herstellung der Medien

Test unter Betriebsbedingungen, Debugging

Programmierung aller erforderlichen Seiten und technischen Bestandteile

Bereitstellung der erforderlichen Inhalte wie Texte, Fotos oder audiovisuelle Materialien

Erstellung von Templates für die effiziente Realisierung des Projekts

Bereitstellung der technischen Infrastruktur: Hosting, Datenbanken, Redaktionssysteme

Erstellen eines Styleguides für die Realisierung

Entwerfen aller erforderlichen Seitentypen

Überprüfung der technischen und gestalterischen Funktionalität, Abgleich mit den Zielvorgaben

Technische Umsetzung des Entwurfs in einem funktionsfähigen Prototyp

Entwurf prototypischer Seiten

Definition der visuellen Elemente: Bildkonzepte, Farbräume, grafische Bestandteile

Entwicklung von Navigations- und Funktionselementen

Festlegung von Seitentypen, Entwicklung Gestaltungsraster und Codierung

Kondensation der Möglichkeiten zu einem visuellen Konzept

Annäherungen: Entwicklung gestalterischer Möglichkeiten

Evaluation der technischen Anforderungen

Entwicklung einer detaillierten inhaltlichen und technischen Struktur

Inhaltsübersicht: Prioritätensetzung und Grobstrukturierung

Festlegung von Umfang, Zeitrahmen und Kosten

Entwicklung von Projektzielen und Strategien

Zielgruppen, Wettbewerber und mediales Umfeld

Anforderungen und Ziele des Auftraggebers

Layout, der Entwurf

1.1.0

Ideenraum

Erkennen

Jede Annäherung an eine Aufgabe stellt Gestalter immer wieder vor die gleiche Herausforderung: Wie macht man den ersten Schritt? Gestaltung ist mehr als nur eine – im wahrsten Sinne des Wortes – «oberflächliche» Angelegenheit. Die Aufgabe ist formuliert, das «Briefing» steht – sind nun alle Fragen geklärt? Das kann man sich nur selber beantworten. Deshalb lässt sich ein Projekt sehr gut mit dem «Erkennen» beginnen. Und in den allermeisten Fällen wird man feststellen, dass es einiges an offenen Fragen aufzulösen gilt, bevor es um das Finden sinnvoller Lösungsansätze gehen kann. Viele Antworten ergeben sich erst während des Arbeitsprozesses, und weitere

Impulsfragen
24 Fragen, die am Anfang des «Erkennens» stehen können. Sicher nicht vollständig, aber doch so grundsätzlicher Art, dass sie ein weites Spektrum an Fragestellungen abbilden. Keine dieser Fragen kennt nur eine Antwort – im Gegenteil, sie werfen weitere Fragen auf, die helfen, ein möglichst vollständiges Bild der Aufgabenstellung zu bekommen. Oder sie schaffen durch bewusstes Ignorieren den nötigen Freiraum.

werden hoffentlich offen bleiben, denn es gibt nichts Langweiligeres als ein Konzept, das auf alles eine Antwort weiß.

«Erkennen» geht jedoch weit über das Beantworten von Fragen hinaus. Es bedeutet, sich der Problemfelder bewusst zu werden: Klarheit über die Aufgabenstellung zu erlangen und das Potenzial an Möglichkeiten aufzudecken. Das funktioniert aber nur, wenn aus dem Fragen auch ein Hinterfragen wird: Neugier, gern auch ein wenig unbequem, gepaart mit der Motivation zum Verbessern. Denn Hinterfragen ist eine zentrale Aufgabe der Gestaltung: Zielsetzungen durchleuchten, deren Sinn und Definition in Frage stellen, vermeintlich ultimativen Richtlinien mit einer guten Portion Skepsis begegnen und deren Qualität auf den Grund gehen. Bei der Gestaltung digitaler Medien gilt dies besonders für die Bereiche, in denen auserwählte Interface- und Usability-Gurus ihre Zweckdefinitionen der neuen Medien verkünden, um gleichzeitig die Anliegen einer konzeptionellen und gestalterischen Auseinandersetzung unter der Rubrik «künstlerische Spielerei» abzuhaken. «Erkennen» ist ein wichtiger Teil des Entwurfsprozesses und führt zu Unabhängigkeit und Souveränität. Und erst diese befähigt zu einer eigenständigen Haltung im Bezug auf kommunikative und formale Kriterien.

Vorgaben, die aus der Aufgabenstellung und Planung hervorgehen sollten

Zielsetzung
Wie definiert sich die Idee des Projektes und wie deren Freiraum?

Publikum
An wen richtet sich das Angebot?

Inhalte
Welcher Art sind die Inhalte und wie erfolgt die Bereitstellung?

Richtlinien
Welches sind die kommunikativen, formalen und strukturellen Vorgaben?

Technologie
Gibt es technische Anforderungen und Verantwortlichkeiten?

Nutzen
Welchen Nutzen erwarten Anwender und Anbieter?

Zeitrahmen
Welcher Zeitrahmen steht zur Verfügung?

Budget
Welche finanziellen Mittel stehen zur Verfügung?

Fragen, die im Entwurfsprozess beantwortet werden sollten

Medienadäquanz
Welches Medium bietet das beste Potenzial?

Bedeutung
Welcher Eindruck wird vermittelt?

Mentales Modell
Was ermöglicht eine assoziative Orientierung?

Stil
Orientiert sich der Entwurf an vertrauten Ausdrucksformen?

Form
Wie sehen die Entwürfe aus?

Struktur
Wie sind die Entwürfe bezüglich Inhalt und Funktion aufgebaut?

Funktionalität
Wie funktioniert das Interface?

Taxonomien
Wie werden die Bestandteile benannt und geordnet?

Definitionen, die durch den gesellschaftlichen, kulturellen und wirtschaftlichen Kontext mitbestimmt werden

Innovation
Was ist neuartig?

Originalität
Was macht das Besondere aus?

Relevanz
Was sorgt für persönliche Bezüge?

Aktualität
Was sorgt für Zeitnähe?

Konventionen
Welche Regeln haben Gültigkeit und sind nützlich?

Gewohnheiten
Welche Gewohnheiten können hilfreich sein, welche nicht?

Prägnanz
Was macht erkennbar und identifizierbar?

Wert
Welcher Wert vermittelt sich?

Möglichkeiten

Digitale Medien ermöglichen grundsätzlich die dynamische und multidimensionale Aufbereitung von Inhalten und Strukturen innerhalb des Systems: Es gibt nicht nur eine Form, Inhalte bereitzustellen, sondern meistens mehrere. Es gibt nicht nur einen Weg, ein System zu strukturieren, sondern meistens mehrere. Und es gibt nicht nur eine Art, dieses System anzuwenden, sondern meistens mehrere. Digitale Medien sind in vielerlei Hinsicht offen und variabel, was sie zu «impliziten» Medien macht. Klassische Medien hingegen sind «explizit», also zum Zeitpunkt ihrer Herstellung in Materialität und Aufbereitung festgelegt. Genau dies macht konzeptionell und gestalterisch einen wesentlichen Unterschied aus; die Konzeptphase beim digitalen Layout beginnt zunächst mit dem Sammeln von Möglichkeiten, die variable, implizite Lösungsansätze erlauben. «Möglichkeiten» ist hier wirklich so umfassend gemeint, wie es klingt: Es umschließt Zielsetzungen, Inhalte, Strukturen, Technologien und vieles mehr, das direkt oder indirekt mit dem Projekt zu tun hat. Um sich hier einen Überblick zu verschaffen, kann es durchaus hilfreich sein, den virtuellen Arbeitsraum des Computers um den realen Raum der Arbeitsumgebung zu erweitern. Dadurch wird den gesammelten Möglichkeiten zu einer Präsenz verholfen.

Sammeln und Filtern ist ein wichtiger Teil der Konzeptphase. Dabei geht es darum, die Unübersichtlichkeit übersichtlich zu machen, aus der Vielzahl von Möglichkeiten die geeigneten auszuwählen und deren Kerngedanken konsequent fortzuführen. Filtern bedeutet hier das geschickte Reduzieren von Komplexität und ist keineswegs ein einmaliger, abschließender Prozess. Ob systematisch oder spielerisch – die Anforderungen an die Gestaltung eines Layouts können immer wieder unter dem Licht wechselnder Möglichkeiten betrachtet werden und so zu variablen Lösungsansätzen führen.

Ideen

Ideen wollen erarbeitet werden – besonders in der Gestaltung. Was spontan und originell daherkommt, ist meist das Ergebnis einer phantasievollen, aber gleichermaßen systematischen Annäherung. Das Entwickeln einer guten Idee braucht Zeit und gedanklichen Freiraum. Umfangreiche Analysen und raffinierte Strategien bilden eine wichtige Grundlage – von der aber durchaus auch abgehoben werden sollte. Zwar sollte sich ein Gestaltungsentwurf immer an den definierten Vorgaben orientieren, doch oft genug beeinflusst auch die Gestaltungsidee erheblich die kommunikative Ausrichtung. So gesehen ist eine Idee – auch in der Gestaltung – immer die

Ideen: Prozess und Stimulus

Die Organisationstheorie der Wirtschaftswissenschaften oder der Informatik unterscheidet zwei Arten von Problemdefinitionen: «schlecht strukturierte» und «wohl strukturierte». Beide lassen sich ohne Abstriche auch auf die visuelle Gestaltung übertragen:

«Schlecht strukturierte» Probleme

Diese basieren weitestgehend auf unbekannten Variablen, ihnen liegen keine bekannten Lösungsmethoden zugrunde. Dies entspricht Design-Aufgaben, die eine neue Lösung verlangen: Erforderlich ist deshalb zunächst eine Klärung der Variablen und das Erproben möglicher Lösungsmethoden.

«Wohl strukturierte» Probleme

Sie gibt es zum Beispiel bei einer mathematischen Aufgabe, bei der die Variablen und Berechnungsmethoden bekannt sind. Ähnlich verhält es sich bei einer Design-Aufgabe, die nach strikten Vorgaben, beispielsweise einem Design-Manual, gelöst werden soll. Solche Aufgaben lassen sich am besten durch Routine bewältigen.

Viele Design-Aufgaben enthalten sowohl «schlecht strukturierte» wie auch «wohl strukturierte» Problemstellungen und erfordern deshalb sowohl routinierte wie schöpferische Leistungen. Diese Anteile sollten als Erstes identifiziert werden, denn Routiniertes erlaubt rasche Projektfortschritte, während Schöpferisches entsprechenden zeitlichen Freiraum voraussetzt.

Synthese verschiedener Möglichkeiten. Oder wie Hermann Hesse meinte: «Damit das Mögliche entsteht, muss immer wieder das Unmögliche versucht werden.»

Bis heute gibt es allerdings keine Theorie des Entwerfens. Doch es gibt zumindest Hinweise darauf, was eine Ideenfindung mit ziemlicher Sicherheit erschwert. Häufig provoziert eine Aufgabenstellung einen unmittelbaren Lösungsansatz. Dieser Reflex bewegt sich meist auf verinnerlichtem Terrain und bringt eine unmittelbare Bewertung mit sich. Ideenfindung und Bewertung sollten jedoch unabhängig voneinander erfolgen. Wer am Erforschen der Grenzgebiete interessiert ist, sollte sich über den spontanen Reflex bewusst hinwegsetzen und sich die Offenheit für weitere

Ereignisse bewahren. Und da ist zunächst die Quantität der Ideen eindeutig wichtiger als ihre Qualität. Die Bewertung erfolgt erst im zweiten Schritt. Visuelle Kommunikation setzt Offenheit für Veränderung voraus. Das fordert bereits die menschliche Wahrnehmung, die sich vor allem an wahrnehmbaren Unterschieden > 3.2 orientiert. Gute Ideen in der Gestaltung müssen deshalb auch nicht unbedingt sensationelle Innovationen sein – oft sind es einfach nur die, die mit einem bewussten Regelverstoß kalkulieren.

Zum Entwickeln von Ideen gibt es zahlreiche «Kreativitätstechniken» – und noch mehr Meinungen, was von ihnen zu halten ist. Weniger spektakulär, dafür aber sicher hilfreich ist eine grundsätzliche Klassifizierung der Methoden zur Entwicklung einer Idee oder der Durchführung von Gestaltungsoperationen, wie von Werner Gaede in seinem Buch «Vom Wort zum Bild» entwickelt.

Systematische Annäherung

Sie basiert auf dem systematischen Sammeln und Modifizieren von Bestandteilen, Eigenschaften und Ausdrucksformen: etwa durch Ordnen und Umordnen, Vergrößern und Verkleinern, Kombinieren und Extrahieren, Ersetzen, Hinzufügen, Umkehren oder Vervielfältigen.

Stimulierte Annäherung

Hierbei geht man bewusst oder unbewusst auf die Suche nach Anregungen aus einem externen Repertoire: in der Umwelt, in den Medien, im Gespräch oder in Bibliotheken. Dabei geht es in erster Linie um Analogien und assoziative Ansätze, die man zu eigenen Lösungen fortentwickelt.

Intuitive Annäherung

Dies meint die Entwicklung eines Gedankenganges, der in erster Linie auf verinnerlichten Empfindungen und Wissen basiert, also auf einem internen Repertoire. Ein solcher Gedankengang kann sich spontan ergeben, ohne dass er gezielt herbeigeführt wird. Dabei handelt es sich durchaus auch um einen systematischen Prozess, der aber unbewusst abläuft.

Die «Schere im Kopf» verhindern

Die Ideenfindung und die Bewertung ihrer Ergebnisse sollten strikt getrennt werden – was nicht immer einfach ist. Trotzdem kann man sich über einen solchen Reflex schrittweise hinwegsetzen, indem man

... den direkten Weg einer Umsetzung skizziert und so den Reflex identifiziert

... möglichst viele weitere Ansätze skizziert, einfache und komplexe, logische und absurde, nahe und distanzierte. Selten gibt es nur einen Ansatz

... die Ansätze zusammenträgt und von verschiedenen, möglichst entgegengesetzten Standpunkten aus ordnet

... die Kernprinzipien herausarbeitet und Ähnliches zu kompakten Ansätzen bündelt.

Rhetorik

Losgelöst von den Methoden der Ideenfindung kann ein konzeptionelles Denkgerüst den gestalterischen Entwicklungsprozess erheblich unterstützen – als grundsätzliche Orientierung, die der überzeugenden und wirksamen Kommunikation dienlich ist. Als hilfreiche Leitlinien einer solchen Orientierung dienen heute die Prinzipien der Rhetorik. Abgeleitet von der verbalen Rhetorik hat sich die «visuelle Rhetorik» etabliert, die sich insbesondere in der visuellen Konzeption, aber auch für die anderen medial-kommunikativen Bereiche hervorragend anwenden lässt. Sie bietet ein ausgezeichnetes Hilfsmittel, um die Eigenschaften eines Entwurfes festzustellen oder aus-

Logos

Gegenstand und Sache bilden die Grundlage von Logos im rhetorischen Dreieck. Dabei geht es vor allem um die praktische Problemlösung: Wie können durch die Gestaltung Inhalt und Funktion vermittelt werden? Hierzu zählen Faktoren wie Lesbarkeit, Verständlichkeit und Verfügbarkeit. Logos stimuliert die intellektuelle Wahrnehmung durch fachliche Kompetenz und eine intelligente Gedankenführung in der visuellen Aufbereitung. Logos kann aus der Aufbereitung der Inhalte hervorgehen, tritt bei den digitalen Medien jedoch insbesondere durch Faktoren wie Benutzerführung, Aufbau des Layouts und die – Ordnungsstrukturen einer Anwendung in Erscheinung.

zudrücken. Grundlage hierfür bilden die drei Überzeugungsmittel: Logos als rationales, Pathos als emotionales und Ethos als wertbestimmendes Mittel. Schon in der griechischen Antike war bekannt, dass eine rhetorische Haltung von der Gewichtung und Balance dieser drei Überzeugungsmittel bestimmt wird; sie beziehen sich direkt auf das Denken, das Fühlen und die Überzeugung des Zielpublikums.

Oft wird, eher unbewusst, auf eines der drei Überzeugungsmittel gesetzt, etwa die emotionale Betonung (Pathos), bei der ein mediales Szenario hauptsächlich Gefühle anspricht, oder die rationale Betonung (Logos), die den sachlichen Informationsgehalt einer Anwendung hervorhebt. Bei den digitalen Medien treten, bedingt durch

ihren überwiegend technischen Charakter (Logos), die emotionalen (Pathos) und wertbestimmenden (Ethos) Überzeugungsmittel oft in den Hintergrund. Da aber besonders Pathos und Ethos für die Stimulation der Wahrnehmung verantwortlich sind, sollte ihnen besondere Aufmerksamkeit gelten. Usability, sonst häufig allein auf der Logos-Ebene diskutiert, wird somit zur ganzheitlichen Angelegenheit, die unbedingt alle drei Überzeugungsmittel einschließen sollte.

Ethos

Der Habitus eines Erscheinungsbildes vermittelt sich über Ethos. Hierbei geht es insbesondere um Werte und moralische Aspekte, wie Vertrauenswürdigkeit oder Beständigkeit. Das Erscheinungsbild einer digitalen Anwendung kann unterschiedlich artikuliert werden: Wirkt etwas traditionell, modern oder avantgardistisch? Ethos ist die subtile Form, einen Ausdruck zu steuern, der vom Zielpublikum in erster Linie an bestehenden Wertmustern gemessen wird. Den digitalen Medien wird nicht zuletzt aufgrund ihrer laufenden Fortentwicklung häufig ein innovativer, aber auch unsteter Habitus unterstellt. Wird also auf Beständigkeit oder Vertrauenswürdigkeit besonderer Wert gelegt, erfordert dies in der Gestaltung besondere Anstrengungen.

Pathos

Ob uns etwas emotional anspricht, hängt überwiegend vom Pathos der gestalterischen Aufbereitung ab. Pathos stimuliert unsere Gefühle und unterbewussten Wahrnehmungsweisen. Dahinter verbirgt sich die gesamte Bandbreite gestalterischer Ausdrucksmittel: Form- und Farbwahl, bildhafte Elemente, Symbolik oder Materialien. In verschiedener Hinsicht können die digitalen Medien hier ihre technischen Eigenschaften besonders ausspielen, zum Beispiel, wenn es um die Integration von dynamischen und auditiven Ausdrucksmitteln geht, wenn durch Interaktion die Interessen der Anwender besondere Betonung finden oder wenn die Angebote durch Personalisierung sogar auf deren Vorlieben abgestimmt werden können. > 3.3.3

Entwerfen

Ein «Entwurf» ist nicht nur das gestaltete Ergebnis, sondern bereits der Prozess des Entwerfens. Entwerfen erfolgt meist in einem schrittweisen, sich wiederholenden Annäherungsverfahren. Der Weg zum Ergebnis wird nicht zuletzt durch das Sichtbarmachen bestimmt: Notizen, Strukturdiagramme, Modelle, Skizzen, Scribbles – alles, was Gedanken und Ideen visualisieren hilft, trägt zum Erfolg des Entwurfes bei. Ebenso alles, was dem Austausch von Gedanken und Ideen, also dem diskursiven Entwerfen dient. Conceptioner, Texter, Gestalter, Programmierer partizipieren kontinuierlich an der Entwicklung und müssen ihre Beiträge in kommunizierbarer Form einbringen.

Besonders bei den digitalen Medien, die sich mit ihrem Potenzial oft an der Grenze des Vorstellbaren bewegen, ist die stete Visualisierung von Inhalt und Strukturen, von Raum-, Zeit- und Interaktionsdimensionen unverzichtbar für die Kommunikation. Und ein optimaler Gedankenaustausch ist im Entwicklungsprozess viel entscheidender als die Genialität eines Einzelnen. Visuelle Gestalter – die Spezialisten für das Sichtbarmachen – übernehmen hier eine besondere Rolle und eine besondere Verantwortung. Das Sichtbarmachen während des Entwurfsprozesses sollte sich ganz bewusst von den Formen der gestalterischen Realisierung abheben und von unverbindlicher, experimenteller Art sein. Das Veranschaulichen und Modellieren abseits des

Monitors ist hier ganz entscheidend: Durch den medialen Bruch wird das Unfertige, Unperfekte vom Druck der Realisierbarkeit befreit. So wird Raum für Kritik und Optimierung geschaffen, die Hemmschwelle zum Infragestellen herabgesetzt und letztlich das Experiment ermöglicht. Entwerfen und Verwerfen sind die beiden komplementaren Pole im Entwurfsprozess, die nur in einer wechselseitigen Beziehung zu einer überzeugenden Lösung führen können.

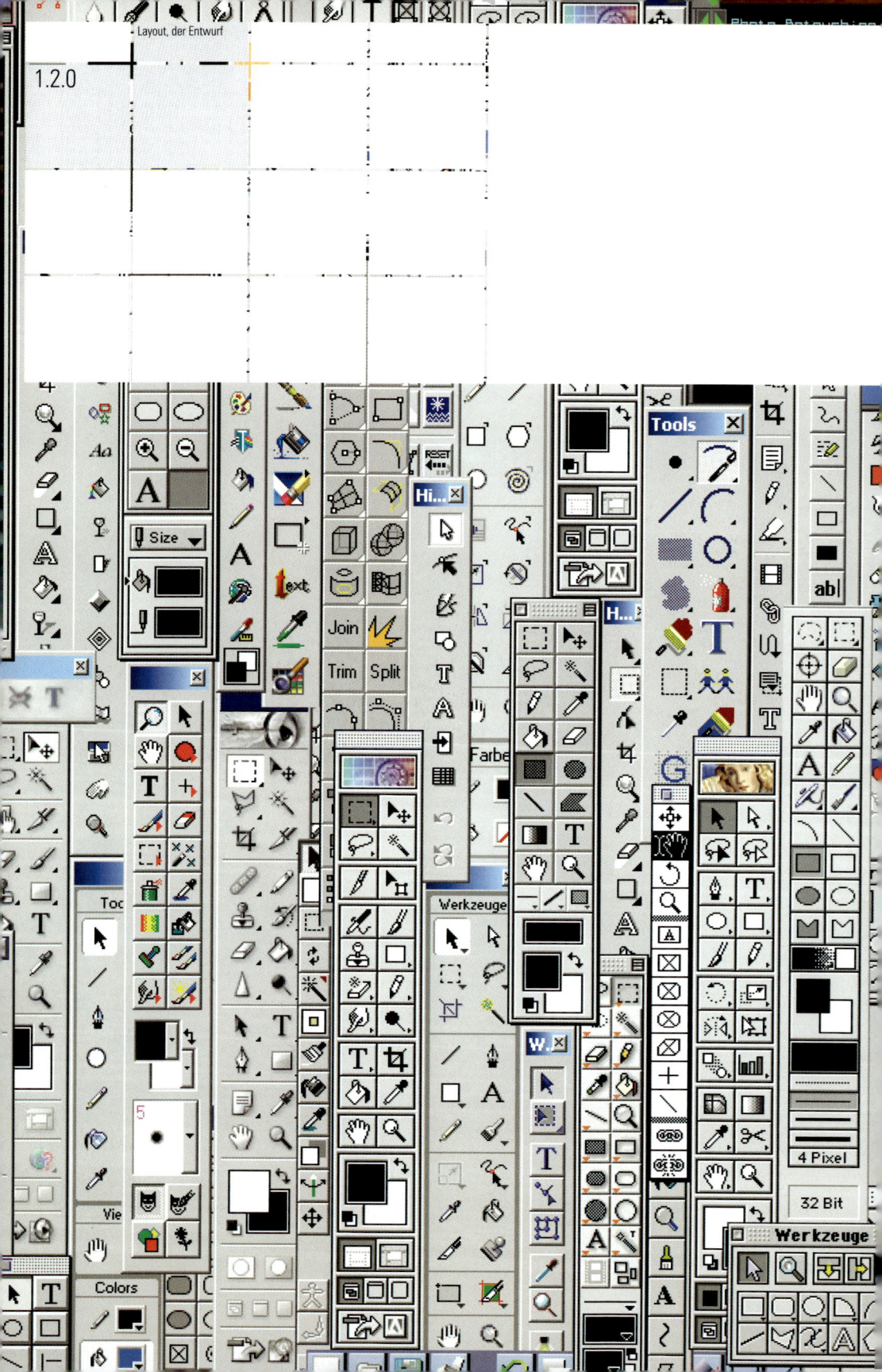

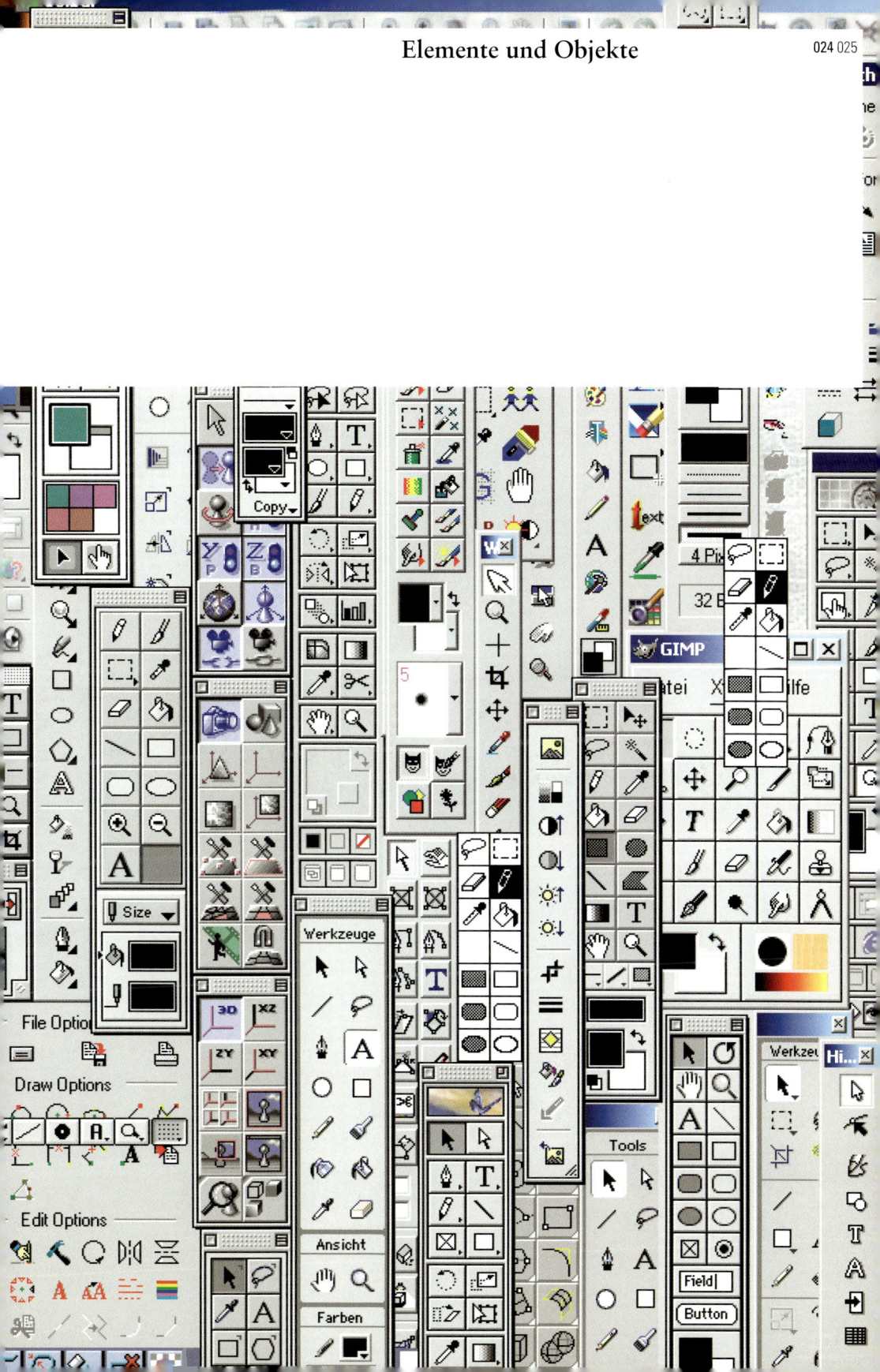

Elemente des dynamischen Layouts

Ein dynamisches Layout besteht aus einer Vielzahl unterschiedlicher Elemente, die für sich genommen sehr grundsätzlicher Art sind. Erst die gezielte Auswahl und Kombination sowie die Bestimmung der Eigenschaften wie Form, Größe und Position der Elemente geben einem Layout seine eigene Erscheinung. Die Wiederholung dieser Eigenschaften vermittelt den Charakter und Zweck einer digitalen Anwendung. Welche Eigenschaften hat also die Typografie, welche Aufgabe übernehmen grafische Bestandteile, wie werden Bildelemente eingesetzt und wie vermittelt sich das System von Navigation und Steuerungselementen? Idealerweise verbirgt

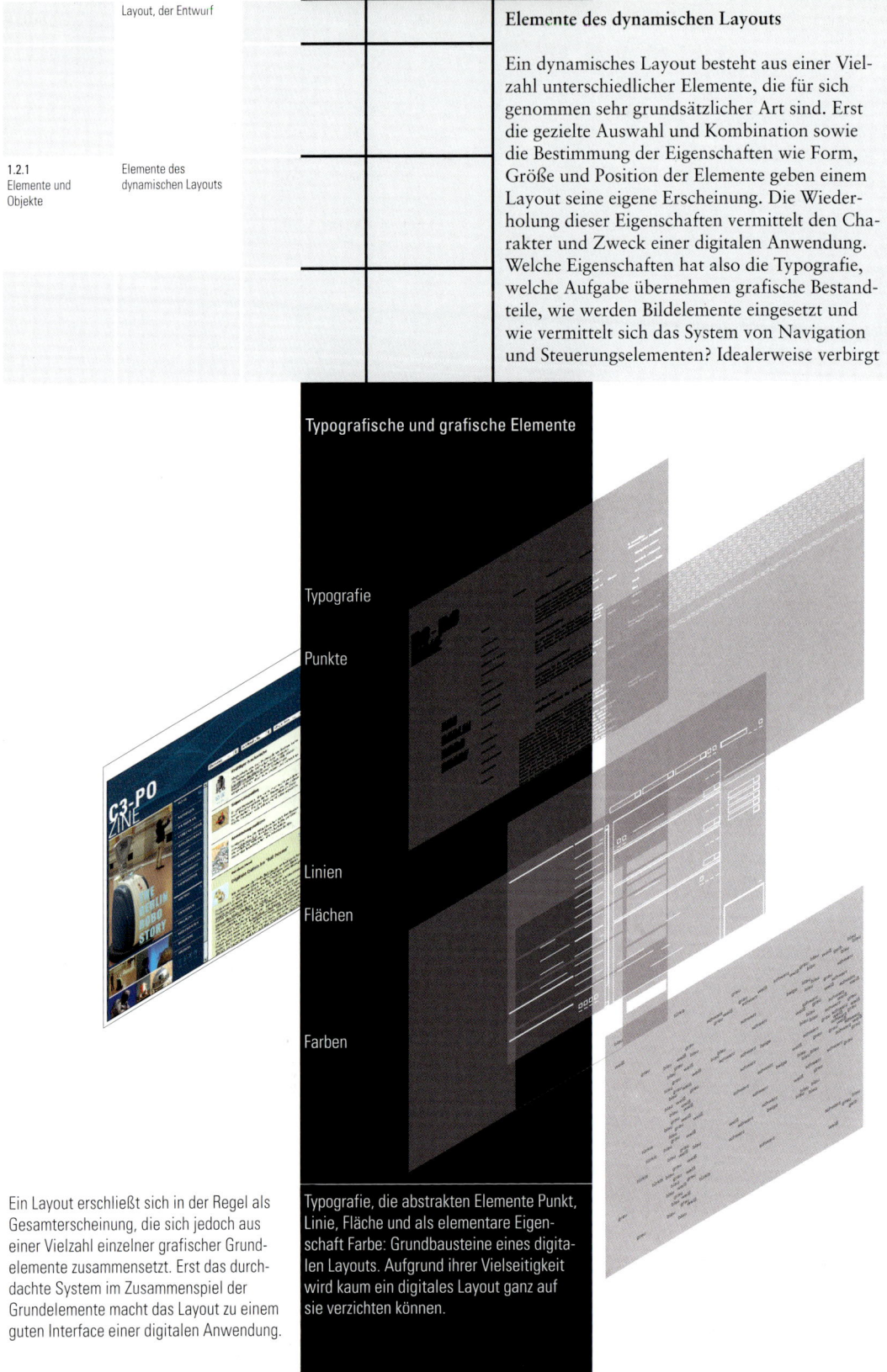

Typografische und grafische Elemente

Typografie

Punkte

Linien

Flächen

Farben

Ein Layout erschließt sich in der Regel als Gesamterscheinung, die sich jedoch aus einer Vielzahl einzelner grafischer Grundelemente zusammensetzt. Erst das durchdachte System im Zusammenspiel der Grundelemente macht das Layout zu einem guten Interface einer digitalen Anwendung.

Typografie, die abstrakten Elemente Punkt, Linie, Fläche und als elementare Eigenschaft Farbe: Grundbausteine eines digitalen Layouts. Aufgrund ihrer Vielseitigkeit wird kaum ein digitales Layout ganz auf sie verzichten können.

sich hinter all dem ein durchgängiges System, das schließlich entscheidend zur Benutzerfreundlichkeit des Mediums beiträgt.

Die hier dargestellten Ebenen einer fiktiven Website zeigen, wie ihre Bestandteile aussehen würden – wären sie denn so einfach zu extrahieren. Denn tatsächlich sind die meisten Layoutelemente eng miteinander verknüpft. Die erste Gruppe bilden hier die grafischen und typografischen Grundelemente. Ihnen sind in einer weiteren Ebene in abstrahierter Form die Farbeigenschaften zugeordnet. Die zweite Gruppe setzt sich aus Bildelementen zusammen, die dritte aus den Funktionselementen einer Website.

Nicht alle diese Elemente sind zwangsläufig Bestandteil eines Layouts, aber oft genug spielen sie in sehr unterschiedlichen Gewichtungen eine wichtige Rolle; so werden Texte mit Flächen hinterlegt, Tasten werden durch die Kombination mit Symbolen unterscheidbar gemacht oder Punkte in Texturen zu Flächen zusammengefasst – um nur einige Beispiele für die Kombination und Interaktion von Grundelementen zu nennen. Viele davon können frei gestaltet werden, manche jedoch, wie Tasten, Scrollbalken oder Pulldown-Fenster, basieren auf Standards, die dem Funktionsspektrum eines Betriebssystems, der Toolbox, entnommen werden können.

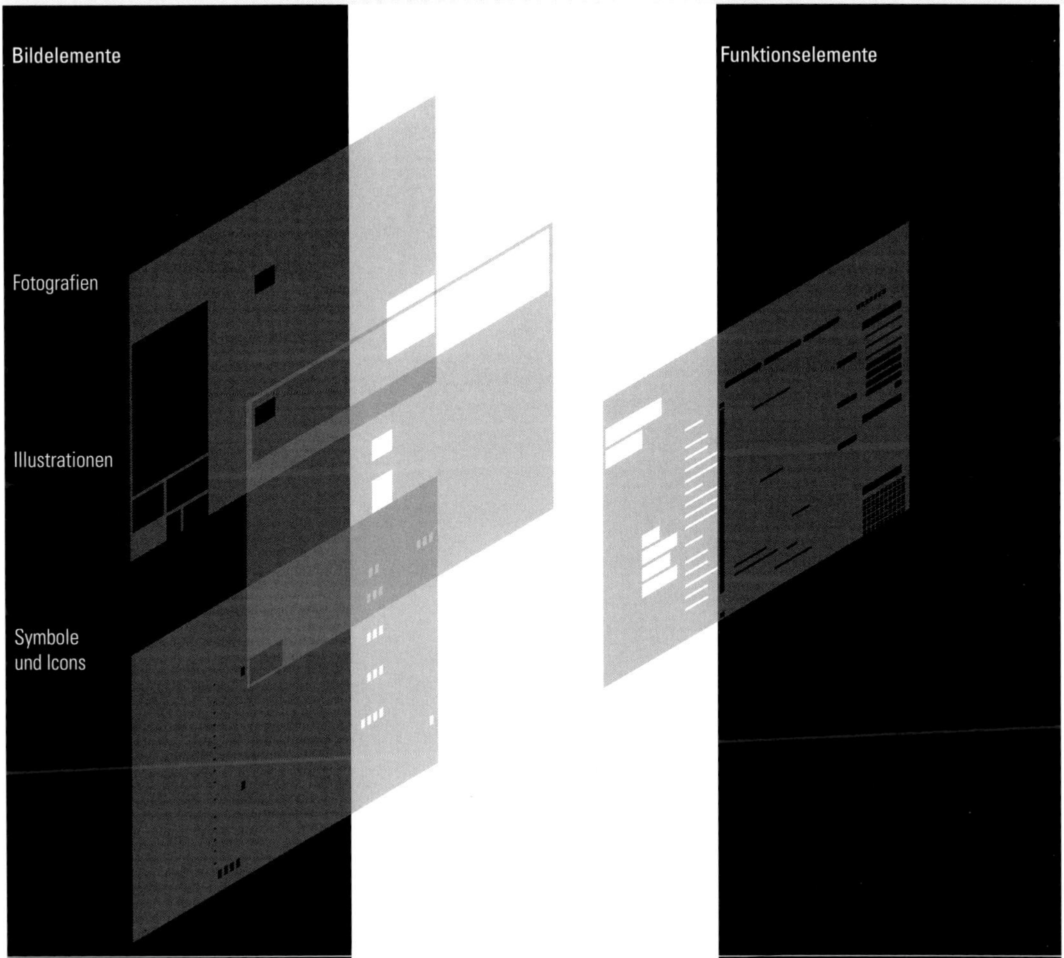

Bildelemente

Fotografien

Illustrationen

Symbole und Icons

Funktionselemente

Fotografie, Illustration, Symbole und Icons sind die Blickfänger eines Layouts. Bildinhalt und Bildersprache versprechen direkte Informationen, die schnell und einfach aufgenommen werden können. Gerade wegen ihrer Popularität empfiehlt es sich, sie mit Bedacht einzusetzen.

Erst Funktionselemente machen aus einem digitalen Layout ein digitales Interface. Hier trennt sich Individualität vom Mainstream: Gestalten wir selbst oder nutzen wir die Standards aus der Toolbox des Betriebssystems? Und hier wird es spannend; denn vieles, was wir uns von innovativen Systemen wünschen, gilt es erst zu entwickeln.

Layout, der Entwurf

1.2.2
Elemente und
Objekte

Typografische
Typologie

Typografische Typologie

Wenn ein Layout nicht gerade aus reinem HTML-Text besteht, lassen sich die typografischen Elemente in zwei Gruppen aufteilen: Zum einen die Gruppe mit typografischen Elementen, die der Organisation des Interface dienen; so zum Beispiel Seitentitel, Navigationselemente, Kennzeichnungen und Ähnliches. Zum anderen die Gruppe, in der Typografie zur Vermittlung von Inhalten, der Contents, eingesetzt wird. Beide Gruppen transportieren zwar in erster Linie Textinformationen, trotzdem werden sie gestalterisch unterschiedlich behandelt. Benutzerfreundlichkeit ist sicher ein wichtiger Grund zur eindeutigen, visuellen Differenzierung der beiden

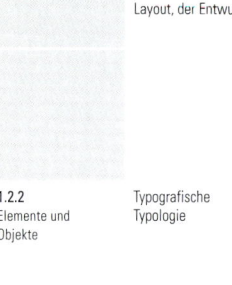

Organisations-Typografie:
Seitentitel
Alles, was auf die Art des Dokumenttyps und den Absender hinweisen könnte – und gleichzeitig wiederkehrender Bestandteil eines Layouts ist. Steht oft in Verbindung mit grafischen Elementen und wird auch oft als solches eingesetzt.

Organisations-Typografie:
Navigationselemente
Grundbestandteil eines digitalen Layouts. Sollte von Soft- und Hardware unabhängig darstellbar sein – und wird ebenfalls zur Kennzeichnung oft in Verbindung mit grafischen Elementen eingesetzt.

Content-Typografie:
Lesetext und Überschriften

typografischen Gruppen, und die Konsistenz des Layouts über verschiedene Dokumenttypen hinweg dürfte sicher der andere wichtige Grund sein. Denn während die «Content-Typografie» weitestgehend bearbeitbar bleiben sollte, ist die «Organisations-Typografie» eines Layouts eher auf statische Konsistenz ausgelegt, um unabhängig vom Dokumenttyp, der Anwendungssoftware oder gar der Hardware verlässlich ihren Zweck zu erfüllen. Deshalb wird konsequenterweise die «Organisations-Typografie» eher wie ein grafisches Element behandelt, die «Content-Typografie» hingegen meistens wie dynamischer, flexibler und bearbeitbarer Text.

ineastas

FIND LOVE IN 7 D

de bajo costo, resulta mas facil poner
Jason Silverman.

TIME BONUS SECTION/GLOBAL BUSINESS/PHARMACEUTICALS

Jungle Medicine
Natives want a share of the profits when drug firms exploit their remedies

17:00	RE 33609	**Rostock Hbf**
		Rostock Hbf 14:07 - Güstrow 14:34 - Waren(Mü 16:47
		täglich , nicht 24. Nov
17:00	RE 33609	**Rostock Hbf**
		Rostock Hbf 14:13 - Plaaz 14:39 - Waren(Müritz 24. Nov
17:00	S S7	**Potsdam Hauptbahnhof**
		Potsdam Hauptbahnhof 16:30 - Potsdam-Babe Savignyplatz 16:59
		30. Okt bis 14. Dez 2002; nicht 2., 3. Nov
17:00	S S75	**Berlin-Wartenberg**
		Berlin-Wartenberg 16:46 - Berlin-Hohenschönhau

Droits de reproduction et de diffusion réservés © **Le Monde** 2002
Usage strictement personnel. L'utilisateur du site reconnaît avoir pris connaissance d'usage, en accepter et en respecter les dispositions.
Politique de confidentialité du site. Besoin d'aide ? faq.lemonde.fr
Description des services payants Qui sommes-nous ?
Abonnés du quotidien, vous avez un message

[Important Notice of
Copyright ©1998-2002 ICQ I
* People searches on the ICQ Web site are p

Specialty Sites

Categories

Global Sites

DRUCKVERSION ▸▸
ARTIKEL VERSENDEN ▸▸
LESERBRIEF SCHREIBEN ▸▸

MORE ON THIS STORY

Recent**Articles**

Business | Techno

new topic   post

■ Nation

Log In | Register

Deutsch | Français

Print this article   Send to a fr

Smart Search

FIND
GO

Alle Formen von Content-Typografie bleiben idealerweise in ihrem editierbaren Text format, was in den meisten Fällen True-Type-Fonts im ASCII-Format sein dürften. Änderungen des Inhalts sind so einfach durchzuführen und helfen bei der Organisation der zu übertragenden Datenmengen. Hyperlinks übernehmen hier die Rolle der Hypertypografie: Sie dienen der Navigation und sind gleichzeitig Content.

Organisations-Typografie: Kennzeichnungen und Funktionen
Eine Vielzahl typografischer Elemente dient ausschließlich der Strukturierung und funktionalen Erweiterung eines digitalen Layouts. Auch sie werden in der Regel in Verbindung mit grafischen Elementen wie Flächen, Linien oder Symbolen eingesetzt.

Typologie des Lesens

Hypertext steht sicher als Prototyp für das «nichtlineare Lesen» von Texten; Verlinkungen zwischen verschiedenen Texteinheiten ermöglichen das kontextuelle Verarbeiten von Informationen. Auch die Vernetzung verschiedener Nutzer miteinander hat aus typografischer Sicht neue, auf Interaktion und Dialog hin optimierte Formen im Umgang mit Typografie hervorgebracht, wie wir sie zum Beispiel von Newsgroups und Web-basierten Foren kennen.

Ebenso haben sich aber auch typografische Layoutformen etabliert, die in einer Schnittmenge mit den klassischen Medien angesiedelt sind. Lesearten, wie sie zum Beispiel Hans Peter

Links:
- Think Secret: Neue iMacs?
- Apple: Neue Power Macs

▶ Thread-Übersicht

- **Apple aktualisiert angeblich morgen die iMac-Linie** - ms am 03.02.2003 um 09:28 Uhr

  - Ich wünsch mir ich wünsch mir ich wünsch mir ... - swiss-ives am 03.02.2003 um 09:39 Uhr

  - **Na, was fehlt denn da noch?** - MacMat am 03.02.2003 um 09:44 Uhr

    - iBooks mit BT und Airport-Extreme! - Udo am 03.02.2003 um 10:57 Uhr

    - **Wer weiß** - DrWatson am 03.02.2003 um 10:59 Uhr

      - **Re: Wer weiß** - Zadian am 03.02.2003 um 11:37 Uhr

        - **Re: Wer weiß** - moehnetiger am 03.02.2003 um 15:4

    - **Schnelle, günstige MACs mit aktueller Technik! n/t** - Drakon am

      - Ketzer!!! ;-) n/t - MarkInTosh am 03.02.2003 um 12:28 U

        - **Jehova, Jehova! :-) n/t** - truth am 03.02.2003 um 14:

    - **100.000 Songs auf 40 GB ? Wow...** - EveryMac am 03.02.2003 u

  - **Re: Apple aktualisiert angeblich morgen die iMac-Linie** - Windtaenzer

▶ Bitte loggen Sie sich ein, um einen neuen Beitrag zu schreiben.

Konversation im Internet (Chat)

Lineares Lesen (Artikel)

www.macnews.de
Das Internet als Medium des Dialogs zwischen mehreren Benutzern hat Anwendungsformen der Typografie hervorgebracht, die denen einer verbalen Konversation sehr ähneln. Gleichzeitig bauen viele digitale Layouts auf typografischen Strukturen auf, wie sie von den klassischen Medien her bekannt sind. Die hier gezeigten Beispiele setzen sich im Wesentlichen nur aus typografischen Elementen zusammmen.

www.harpers.org
Lineares Lesen – von vielen für die Anwendung in digitalen Medien für ungeeignet, weil zu mühsam gehalten – hat sich trotzdem, beispielsweise im Bereich der Online-Magazine, einen festen Platz erobert.

Willberg und Friedrich Forssmann in ihrem Buch «Lesetypografie» für die klassischen Medien beschreiben, finden auch in vielen Formen des digitalen Layouts ihre Anwendung; oft sogar in technisch erweiterter Form, was der Effektivität in Aufbereitung und Wahrnehmung zugute kommt. Die hier vorgestellten Lesearten zeigen definierte Standards zur typografischen Gestaltung, wie sie heute zum Beispiel im Bereich der Bildungs- oder Kognitionswissenschaften zur Unterscheidung von Lesearten angewandt werden. Diese Typologie des Lesens für das digitale Layout in Betracht zu ziehen, begründet sich durch den übergreifenden Veränderungsprozess, bei dem die klassischen Medien stark durch die digitalen Medien beeinflusst werden und diese wiederum auf zahlreichen Grundlagen der klassischen Medien aufbauen. Ergänzt wird diese Typologie sinnvollerweise durch Aspekte zur Wahrnehmung am Bildschirm. > 3.2

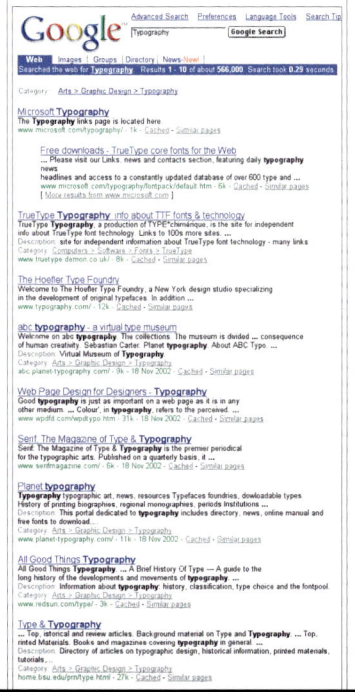

Konsultierendes Lesen (Suchmaschine)

Selektives Lesen (Portal)

Differenzierendes Lesen (Tutorial)

www.google.com
Bei dieser Art des Lesens wird gezielt nach einer Information gesucht, etwa in Lexika oder Handbüchern. Stichwörter und Erläuterungen werden in besonderer Weise hervorgehoben. Dadurch wird das Auffinden bestimmter Begriffe vereinfacht.

www.aldaily.com
Der oder die Lesende verschafft sich einen groben Überblick, «überfliegt» den Text und filtert die ihm wichtigen Informationen heraus. Ein typischer Text, der auf diese Art gelesen wird, ist eine Tageszeitung und analog dazu zum Beispiel das Portal eines Online-Magazins.

www.selfhtml.teamone.com
Die sorgfältigste Art des Lesens wird auf Textarten angewandt, aus denen man möglichst viel Wissen erwerben möchte, zum Beispiel beim gezielten Durcharbeiten und Erfassen von Schul- und Lehrbüchern. Im Bereich der digitalen Medien wird diese Form des Lesens oft bei Tutorials und Trainingsprogrammen eingesetzt.

Punkte

Genau genommen ist der Punkt, das kleinste
grafische Element eines digitalen Layouts, ein
Quadrat – und entspricht technisch gesehen
einem einzelnen Pixel des Displays. Aus dieser
kleinsten Einheit setzt sich alles zusammen, was
auf dem Display visualisiert wird. Ebenso findet
der Punkt aber auch seine eigenständige gestalterische Verwendung – in abstrakter Form zum
Beispiel in der Bildung von Texturen, in darstellender Form als Illustration oder auch in glie-
dernder Form beim Aufbau eines Layouts. Durch
seine quadratische Form beeinflusst der Punkt
in erheblichem Maße das gestalterische Erscheinungsbild eines Layouts und hat zumindest auf
diesem Weg zu einer eigenen «Pixelästhetik»

Aufgrund niedriger Bildschirmauflösung
bedurften frühe Computergrafiken, wie das
Spiel «Galaxions», einer eigenen optimierten
Darstellung.
Unabhängig von weiter entwickelten Monitorauflösungen hat sich dies über die Jahre
als eine visuelle Form der Darstellung etabliert, charakterisiert durch Pixel.

www.k10k.net
Das Layout dieser Website ist weitestgehend auf der Basis von Texturen aufgebaut,
die sich aus Punkten zusammensetzen.
Dabei wird eine einheitliche Textur eingesetzt, die sich je nach Anwendung lediglich
in der Farbgebung und in den Tonstufen
unterscheidet.

Durch Streuung und Verdichtung von einzelnen Punkten lässt sich der Eindruck von
Halbtönen erzeugen.

Einzelne Punkte, in einer regelmäßigen
Matrix angeordnet, ergeben eine Flächen-
textur ...

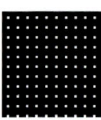

beigetragen, die in vielfältiger Form im Screen-Design Verwendung findet. Mit zunehmend besserer Monitorauflösung und der stärkeren Verbreitung von Vektor-basierten Darstellungstechnologien verliert die «visuelle Quadratur» durch das Pixel an Bedeutung. Gleichzeitig erhöht sich der Spielraum, einen Punkt wieder in unbestimmter grafischer Form, zum Beispiel rund, als Gestaltungselement einzusetzen. Auf dem Weg dahin bleibt jedoch vorerst nur das optische Ausgleichen von quadratischen Grundformen, das Interpolieren durch Tonstufen.

Der kleinste Punkt auf dem Display ist ein Pixel. Erst das Interpolieren durch Tonstufen lässt ihn rund erscheinen.

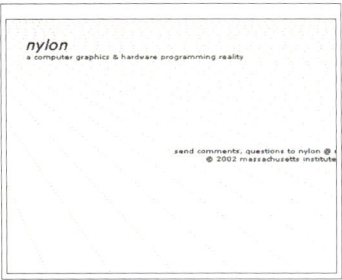

www.nylon.media.mit.edu
Nur durch die Häufigkeit und die Anordnung einzelner Punkte wird hier der Eindruck eines räumlichen Kontextes hergestellt.

Sodaconstructor
Hier bilden einzelne Punkte die Eckkoordinaten eines Objektes, welches anhand verschiedener Einstellungen animiert werden kann.

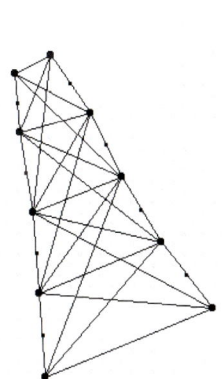

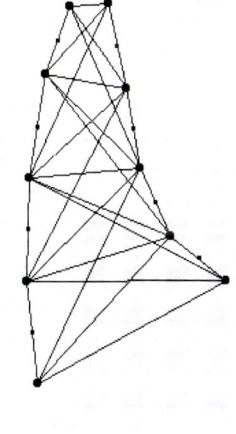

... deren charakteristisches Erscheinungsbild durch Gruppieren oder durch wiederkehrende Abstände verstärkt wird.

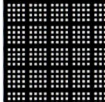

Punkte können in ihrer quadratischen Form als illustratives und stilistisches Merkmal eingesetzt werden.

Als Koordinaten erhalten Punkte eine gliedernde Form oder ergeben auch eine darstellende Form, wie hier zum Beispiel eine räumliche.

Linien

Als wichtiges grafisches Grundelement werden Linien in abstrakter, ordnender oder darstellender Funktion eingesetzt. Abstrakt, wenn sie zum Beispiel durch Reihungen zur Bildung von Texturen Verwendung finden. Ordnend, wenn sie innerhalb eines Layouts Bereiche und Informationen voneinander trennen oder hervorheben. Und darstellend, wenn sie in illustrierenden oder erklärenden Abbildungen eingesetzt werden. Auf dem Display wird eine Linie durch die Aneinanderreihung von Pixeln erzeugt. Linien, deren Stärken in Pixeln festgelegt sind, können bei hohen Auflösungen und geringer Linienstärke schwer zu erkennen sein – umgekehrt wird bei

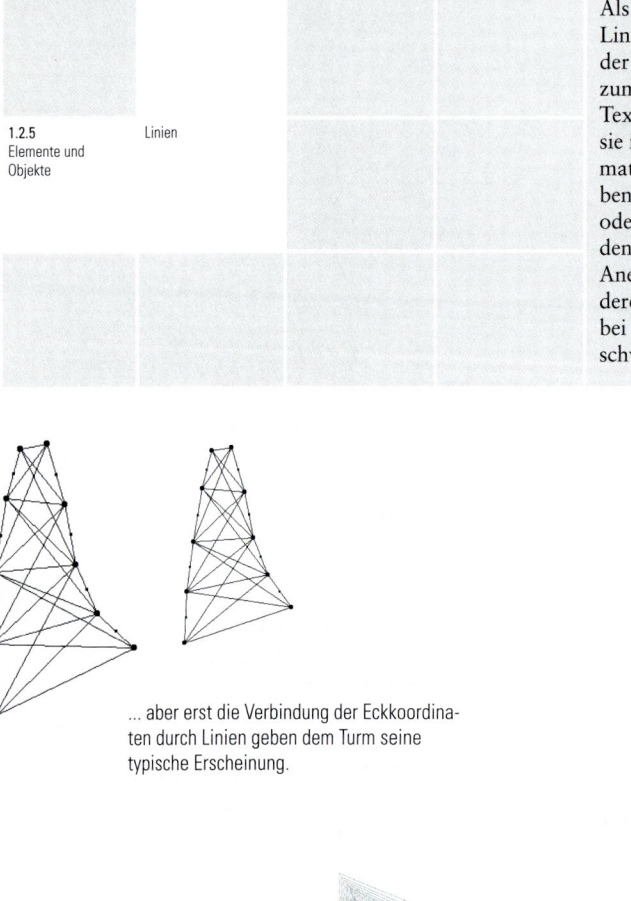

... aber erst die Verbindung der Eckkoordinaten durch Linien geben dem Turm seine typische Erscheinung.

www.asstech.com
Texturen aus Linien markieren auf dieser Website die unterschiedlichen Rubriken, die beim Berühren mit der Maus den Blick auf die anwählbaren Rubriken frei geben.

Regelmäßige Texturen aus Linien in unterschiedlicher Dichte können räumliche Eindrücke vermitteln.

niedrigen Auflösungen eine Linie schnell als Fläche wahrgenommen. Ebenso ist der Einsatz schräger Linien bei hohen Auflösungen unproblematisch, während bei niedrigen Auflösungen die Treppeneffekte der Pixelreihen sichtbar werden, die dann wieder nur durch Interpolation ausgeglichen werden können.

Gestalterisch ermöglicht das Arbeiten mit Linien im digitalen Layout feine, leichte, eher technisch anmutende Erscheinungsbilder. Ein reduziertes Layout kann nur aus Text, Bild und ordnenden Linien bestehen und wird problemlos als Interface einer digitalen Anwendung verstanden.

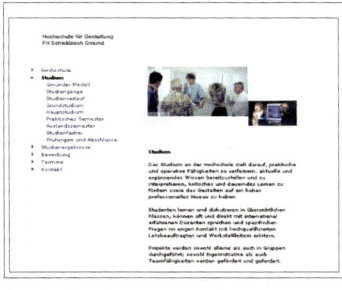

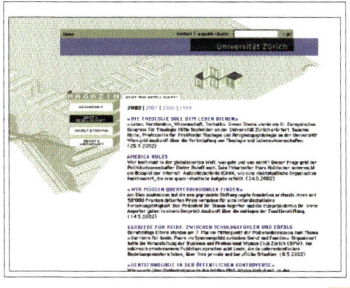

www.hfg-gmuend.de
Eine Ordnungssystem aus Linien strukturiert bei dieser Website das Layout in Titel, Navigation und Inhalt. Der reduzierte Einsatz der Elemente vermittelt ein klares, sachliches Erscheinungsbild und ist flexibel modifizierbar.

www.unipublic.unizh.ch
Auf der Website der Universität Zürich wird eine Linientextur zur Kennzeichnung der Site und zur Illustration typografischer Elemente eingesetzt.

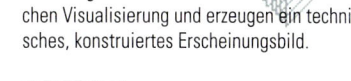

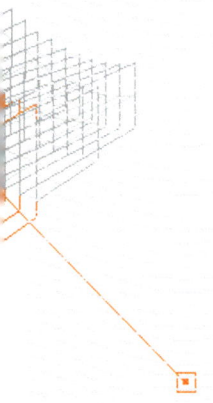

www.irrationalcontraption.net
Besteht im Wesentlichen aus einer Navigationsumgebung, die interaktiv dreidimensional steuerbar ist. Die gesamte Visualisierung erfolgt durch Rahmen, die in verschiedenfarbigen Linien dargestellt sind. Die Überlagerung der Rahmen vermittelt dabei einen räumlichen, technischen Eindruck.

Ordnung und Struktur eines Layouts können durch eine Gliederung mit Linien hergestellt werden.

Durch Verkürzung und perspektivische Anordnung genügen schon wenige Linien, um einen räumlichen Kontext zu erzeugen.

Linien eignen sich zur reduzierten, sachlichen Visualisierung und erzeugen ein technisches, konstruiertes Erscheinungsbild.

Flächen

Der Einsatz von Flächen im digitalen Layout konzentriert sich im Wesentlichen auf gliedernde Zwecke und seltener auf darstellende oder gar illustrierende. Besonders der Einsatz rechteckiger Flächen lässt sich auf der orthogonal ausgerichteten Pixelmatrix eines Displays einfach realisieren und ist daher entsprechend oft Bestandteil eines digitalen Layouts. Schräge, runde, ovale oder gar amorphe Formen erfordern meistens einen höheren Aufwand in Programmierung und Darstellungstechnik und sind daher eher in vektor-basierten Umgebungen (beispielsweise Flash) zu realisieren.

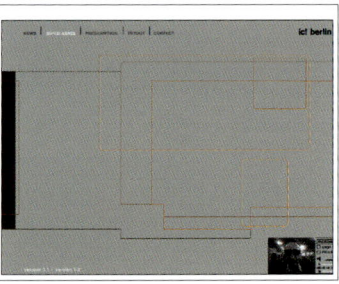

www.ic-berlin.de
Flächen bestimmen die Grundstruktur des Interface, wobei sich die Flächen über die gesamte Anwendung hinweg in einem permanenten Wandlungsprozess befinden.

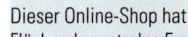

www.onemedia.com
Dieser Online-Shop hat die rechteckige Fläche als zentrales Erscheinungsbild entdeckt. Sicher auch für das modulare Kombinieren der Produktangebote ganz praktisch.

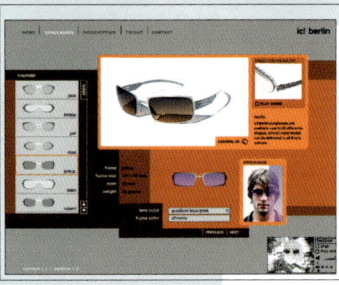

Flächen übernehmen im digitalen Layout hauptsächlich gliedernde Funktionen.

Aber auch ungeachtet der technischen Aspekte scheint die digitale Welt eine rechteckige zu sein. Denn fast jedes Interface erfordert eine eindeutige Gliederung der Layoutfläche in seine unterschiedlichen Bestandteile. Dies durch rechteckige Formen zu lösen, ist auch unter dem Aspekt der Wahrnehmung mehr als nahe liegend, sind wir es doch gewohnt, viele Informationen zeilen- und spaltenweise aufzunehmen >3.2 – wie auch ein Blick auf die Layoutelemente dieses Buches zeigt. Gleichzeitig erlaubt der Einsatz rechteckiger Flächen als Gliederungselemente im Interface den einfachen, modularen Aufbau einer digitalen Anwendung. >2.2

Flächen sind, abgesehen von ihrem gliedernden Potenzial, recht dankbare Gestaltungselemente. Sie füllen automatisch einen Teil des Layouts und können einfach mit Farben und Texturen belegt werden. Alles in allem verleitet der Einsatz von Flächen aber auch zu einem statisch wirkenden Umgang mit den grafischen Grundelementen – sicher ein Grund, es auch mal anders zu versuchen.

www.wz-berlin.de
Flächen, wieder gliedernd, diesmal aber auch darstellend. Denn das Arrangement der rechteckigen, diagonalen und runden Flächensegmente bildet ein Zitat der postmodernen Architektur des Berliner Institutes.

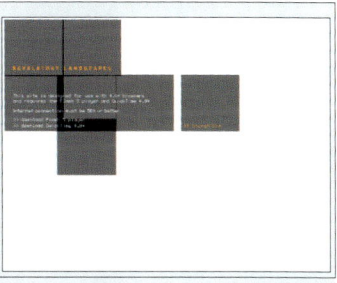

www.sfmoma.com
Anläßlich einer Architekturausstellung zeigt die Website des Museum of Modern Art in San Francisco ein animiertes Flächenarrangement, das permanent Grundmuster der vorgestellten Architektur visualisiert.

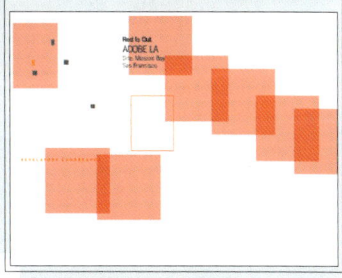

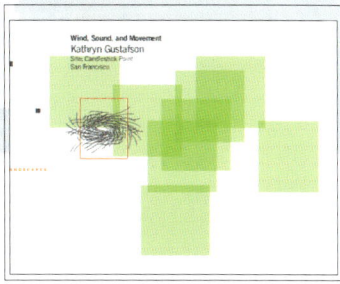

Gehäuft eingesetzt können Flächen das Erscheinungsbild eines Layouts dominieren.

Unregelmäßige oder dynamische Flächen können auch illustrativ eingesetzt werden.

Farbe

Farbe, als wichtige Eigenschaft grafischer und typografischer Elemente, gehört zu den zentralen Bestandteilen des digitalen Layouts. In ihrer Funktion der Signalwirkung und Kennzeichnung kennen wir Farbe aus allen Bereichen unserer sichtbaren Welt. Farben sind in unserer Wahnehmung niemals neutral, sie erzielen immer eine Assoziation.

Neben den Aspekten der Farbwahrnehmung > 3.2 beschreiben wir hier in erster Linie die Verwendung im digitalen Layout. Ist es in einer Printproduktion immer noch eine Frage des Aufwandes, wie viele Farben zur Verfügung stehen, so darf in der digitalen Welt aus dem Vollen

Farbe als Signal

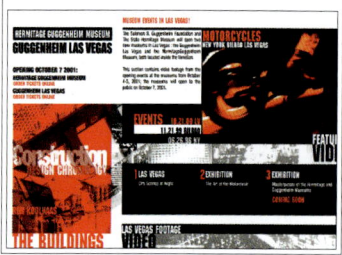

www.guggenheim.com
Das Guggenheim in Las Vegas! Und das passende Layout dazu in Schwarz und Rot. Der gezielte und sparsame Einsatz von Farbe kann effektiv und effektvoll sein.

Helle, grelle Farben ziehen unsere Aufmerksamkeit auf sich. Dort, wo es um visuelle Lautstärke geht, wird dieser Effekt gezielt eingesetzt.

www.izumi.co.jp
Dass dieses Kaufhaus viel zu bieten hat, zeigt offensichtlich die entsprechende Farbwahl. Die digitale Schaufensterauslage funktioniert ganz nach dem bekannten Muster aus der realen Welt.

geschöpft werden. Um die Aufmerksamkeit der Anwender zu gewinnen, gilt allzu oft die Regel: je mehr, desto besser. Dem steht der gezielte, akzentuierte Einsatz von Farbe gegenüber, der zwar wohl durchdacht sein will, dann aber mindestens ebenso effektiv sein kann.

Nirgendwo sonst zeigen sich die Klischees traditioneller Farbsymbolik so deutlich wie im Internet: Nur wenige Mausklicks voneinander entfernt entfaltet sich zum Beispiel das ganze Blau-Spektrum der internationalen Finanzwelt. Und nirgendwo sonst lassen sich die sehnlichsten Farbwünsche so leicht erfüllen wie im Web: eine ganze virtuelle Welt nur in Rosa.

Farbe hat in verschiedenen Kulturkreisen unterschiedliche Bedeutungen. Mehr darüber im Kapitel «Wahrnehmung» > **3.2**.

Europa:	Natur
Arabien:	Islam
Japan:	Technologie
USA:	Altmodisch

Farbe als Symbol

www.barbie.com
Pretty in Pink – die virtuelle Welt rund um die beliebte Barbie-Puppe, wie zu erwarten, ganz in Rosa.

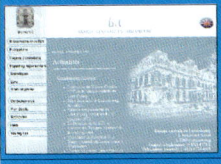  

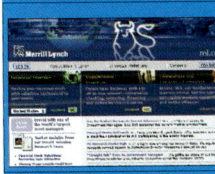 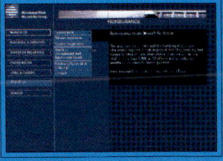 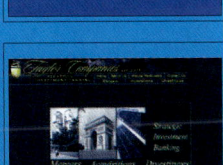

www.bankofscotland.co.uk www.bankgesellschaft.de www.tibank.bg
www.colmencapital.com www.jpmorgan.com www.allianz.com
www.bcl.ln www.chase.com www.closept.com
www.ml.com www.munichre.com www.tylor-companies.com

Blau als Farbe der Seriosität – viele Banken und andere Finanzdienstleister scheinen der Symbolwirkung von Blau zu vertrauen.

Neben den Verwendungszwecken Aufmerksamkeit und Symbolik gibt es aber auch ganz nüchterne, sachliche Anwendungsfelder von Farbe. Dort, wo es zum Beispiel um Kennzeichnung oder Ordnung geht, wird Farbe zum unverzichtbaren Bestandteil des digitalen Layouts. Doch besonders in diesem Bereich ist Vorsicht geboten. Denn was die Unterscheidung von Farben betrifft, sind der menschlichen Wahrnehmung Grenzen gesetzt > 3.2 – und ebenso der verlässlichen Einheitlichkeit der Farbdarstellung auf den Displays der weltweiten Internet-Community > 3.1.

Farbe als Ordnung

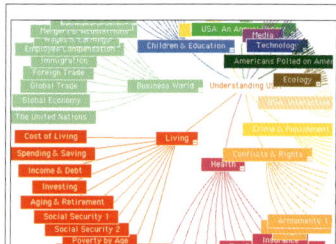

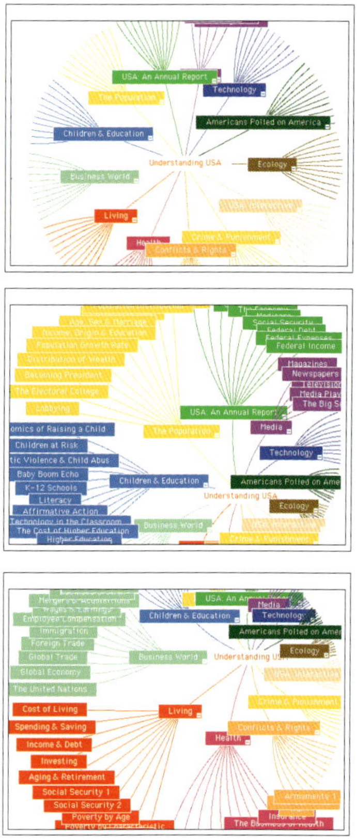

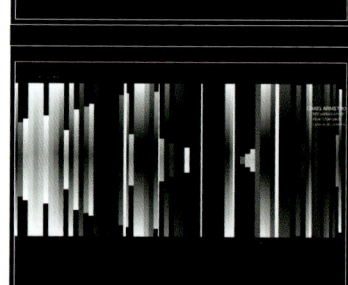

www.inxight.com
In dieser Anwendung werden Farben zur Kennzeichnung einzelner Bereiche einer Website eingesetzt. Dabei ist die Wahl der Farbe zu unterschiedlich beziehungsweise ähnlich, sodass Bezüge und Unterscheidungen deutlich zu erkennen sind.

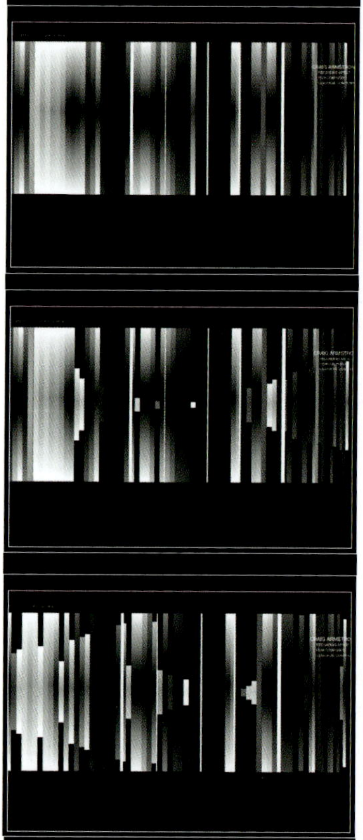

www.craigarmstrong.com
Die Balken auf dieser Site stehen für unterschiedliche Töne, die durch Berühren mit der Maus hörbar gemacht werden können. Die Graustufen werden dabei zur Visualisierung der Tonhöhen eingesetzt.

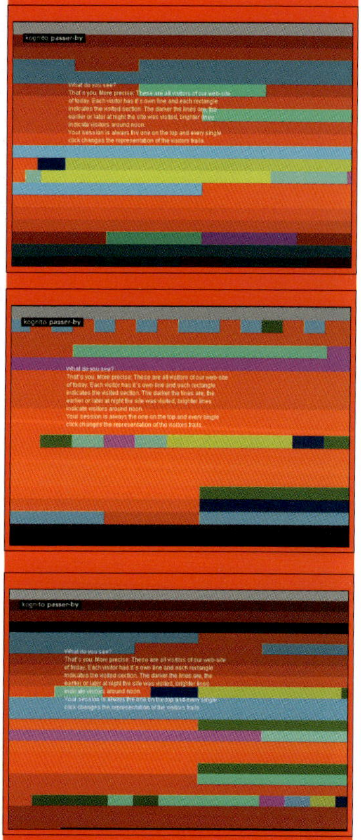

www.kognito.de
Hier wird die Besucherstatistik der kognito-Website visualisiert. Jeder horizontale Balken steht für einen Besucher und die unterschiedlich farbigen Abschnitte für die jeweiligen Rubriken. Die Helligkeit der Farben ist an die Uhrzeit des Besuchs gekoppelt: je dunkler, desto später beziehungsweise früher am Tag.

Und schließlich kennen wir noch den eher vertrauten Bereich, in dem Farbe als darstellendes Mittel auf unsere alltägliche Farberfahrung setzt, zum Beispiel, wenn es um räumliche Eindrücke oder um Stimmungen geht – Farbe als Mittel zur Stimulation.

Farbe als Visualisierung

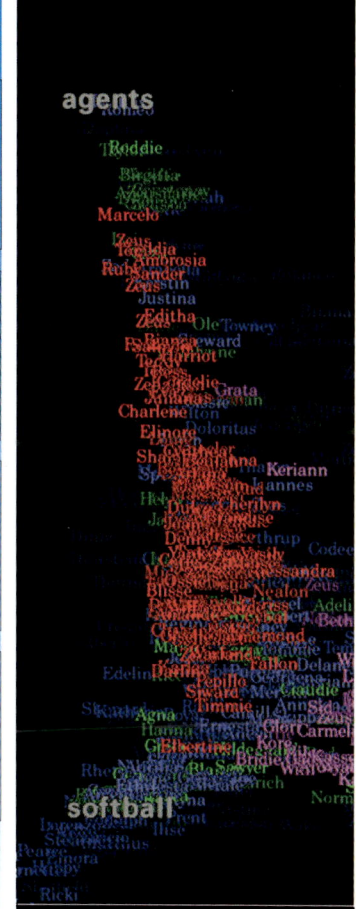

www.richardrogers.co.uk
Der Architekt Richard Rogers visualisiert auf seiner Website die Silhouetten der von ihm entworfenen Gebäude – und bedient sich dabei der Wahrnehmungserfahrung, dass wir Farben am Horizont in aufgehellten Abstufungen sehen.

Visual Who
Diese Arbeit von Judith S. Donath visualisiert eine Gruppe von Menschen, wobei Personen, die weniger Bezug zu dieser Gruppe haben, in abgedunkelten Farbstufen dargestellt werden. Ganz wie in der Realität, wo die Lichtquelle vom Vordergrund zum Hintergrund hin verblasst und die Dinge dort dunkler erscheinen lässt.

Fotografie

Die digitalen Instrumente in der Gestaltung
haben auch den Einsatz von Fotografien in den
Medien stark vereinfacht. Scanner, digitale Ka-
meras, vielfältige Bearbeitungsmöglichkeiten und
schließlich die relativ einfache Bereitstellung in
den Medien haben die Fotografie zum jederzeit
verfügbaren Gestaltungselement werden lassen.
Auch die Einsatzfelder der Fotografie sind viel-
seitiger geworden. Der Eingriff in das digitale
Bild ist fester Bestandteil der Arbeit am digitalen Layout – und ebenso sind es inzwischen die
unterschiedlichsten Darstellungsformen der
Fotografie. Positiv, negativ, unscharf, aufgehellt,

Schwarz-weiß

www.barkowleibinger.com
Ungewöhnlich in der bunten Welt des Internet: ein Fotokonzept in Schwarz-Weiß.

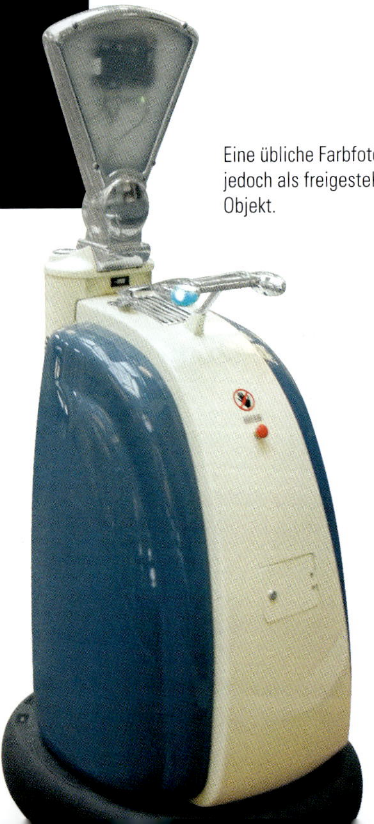

Eine übliche Farbfotografie,
jedoch als freigestelltes
Objekt.

Unscharf

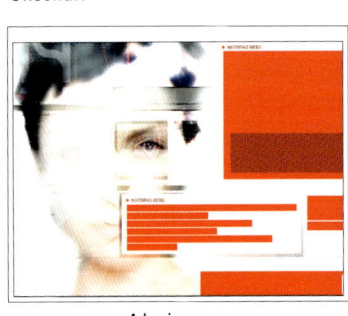

www.overage4design.com
Ein größtenteils unscharfes Porträt, stark
bearbeitet und nur partiell als ursprüngliche
Fotografie erkennbar.

farbverfremdet – die Bandbreite ist groß. Und je größer der Spielraum ist, desto sinnvoller ist sicher die Festlegung einer eindeutigen visuellen Sprache der Fotografie innerhalb eines Layout-konzeptes. Ist sie darstellend oder wird sie eher illustrativ eingesetzt? Behält sie ihre inhaltlich begründete Aufgabe, oder dient sie zur Kennzeichnung, also der Organisation des Interface?

Duplex

www.zavesmith.com
Fotografie in Schwarz und mit einer zusätzlichen Farbe eingefärbt.

Aufgehellt

www.kostasmurkudis.de
Alle Farbwerte der Fotografie sind mit Weiß aufgehellt, um die Präsenz zu verringern.

Hartkontrast

www.isseymiyake.com
Alle Tonwerte des Originalbildes wurden je nach Helligkeit in Schwarz oder Weiß aufgeteilt.

Negativ

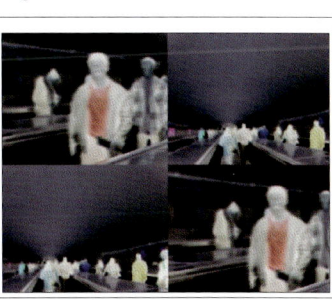

www.integral.ruedi-baur.com
Kurze Bildsequenzen, in denen die Farben umgekehrt wurden.

Angesichts der vielfältigen Einsatzgebiete im digitalen Layout ist die Fotografie, die sich auf eine abbildende Qualität konzentriert, inzwischen schon fast wieder eine Besonderheit geworden. Große Bildformate und Dateigrößen sind zweifellos schwieriger in eine digitale Anwendung zu integrieren – und gerade das macht sie zu etwas Besonderem. Fotografien, die eine Geschichte erzählen, eine Sache in anschaulicher Weise darstellen oder großzügig auf ein Thema einstimmen, bedeuten einen Mehrwert für jedes Kommunikationsmittel und machen es zu einer Erfahrung für jeden Anwender.

Erzählend
1:0 für Brasilien gegen Deutschland, Endspiel der Fußballweltmeisterschaft. Fotografien können wunderbar Geschichten erzählen – erfordern dann aber eine großzügige und abgestimmte Behandlung im Layout. Steht das Bild im Mittelpunkt, sollten die anderen Bestandteile wie Navigation, Titel oder Ordnungselemente zurückhaltend eingesetzt werden.

Der Einsatz dieser Art von Fotografie erfordert ein klares Konzept, das bereits vor der Arbeit am Layout mit den beteiligten Fotografen abgestimmt wird. Die Layoutidee, deren visuelle Sprache ihren Schwerpunkt auf die Fotografie legt, erfordert einen zurückhaltenden Umgang mit den übrigen Elementen des Layouts, denn jeder Bildinhalt wird durch sein Umfeld maßgeblich beeinflusst.

Darstellend
www.artemide.com

Der italienische Lampenhersteller Artemide hat etwas zu zeigen – das Fotokonzept vermittelt selbst bei geringer Darstellungsgröße die Lichtwirkung der einzelnen Lampen. Und trotz der Vielzahl der Abbildungen und Typen bewegen sich die Fotografien in einem abgestimmten Farbraum, ohne dabei eintönig zu wirken.

www.topshop.co.uk

Wer im Web etwas verkaufen will, muss für eine attraktive und anschauliche Präsentation seiner Produkte sorgen. Die fotografische Qualität dieser Kleidungsstücke ist auf optimale Erkennbarkeit angelegt. Die Ausleuchtung wurde so gewählt, dass online sogar die Eigenschaften der Gewebe zu erahnen sind. Die Inszenierung der Produkte ist vereinheitlicht, damit sie am besten miteinander verglichen werden können – und die Kunden ihre richtige Wahl treffen.

Einstimmend
www.huskycz.cz

Der tschechische Outdoor-Ausstatter Husky setzt auf seiner Website stimmungsvolle Landschaftsbilder ein, die zum sofortigen Wandern einladen – und dazu großzügige Porträts von Frauen und Männern, die auf die besondere Verbindung von Natur und Mensch hindeuten. Natürlich sind auch Produkte abgebildet, aber eben genau als das verbindende Element.

Die Vielzahl der Darstellungsformen der Fotografie hat ihre Entsprechung bei den Verwendungszwecken: Neben der abbildenden Aufgabe
kann eine Fotografie auch noch andere übernehmen. So zum Beispiel eine kennzeichnende
Funktion, wenn es um die Kodierung von Rubriken geht. Dabei ist es weniger entscheidend,
was auf den Fotografien zu sehen ist, als vielmehr, dass sie sich eindeutig unterscheiden. Ähnliches gilt für eine gestalterische Kontextualisie-
rung des Layouts; entscheidend sind eine thema-
tische Annäherung und der visuelle Eindruck,
der vor einer allzu leeren Layoutfläche bewahrt.

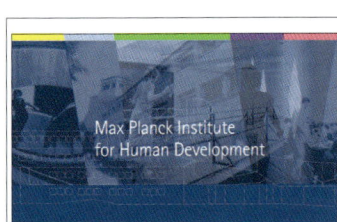

www.mpib-berlin.mpg.de
Die «Virtuelle Tour» des Max -Planck-
Instituts für Bildungsforschung basiert
hauptsächlich auf Fotografien. Diese erfüllen nicht nur eine darstellende, sondern
auch eine kennzeichnende und kodierende
Funktion. Abhängig vom Kontext, kennzeichnen sie die Rubriken, werden zu
Statuszeilen oder gestalten die Umgebung.

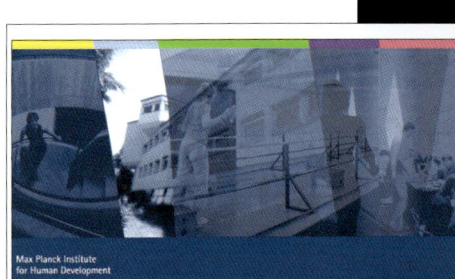

Verschiedene Ausschnitte
aus Fotografien bilden die
Kennzeichnung der unter-
schiedlichen Rubriken ...

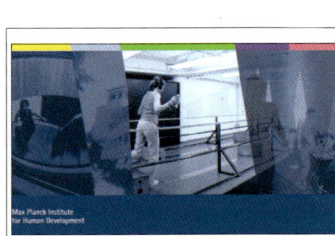

... der selektierte Ausschnitt
bleibt stehen und wird
zum Ladebalken der Flash-
Anwendung ...

Und auch im Bereich der Organisation eines Interface, zum Beispiel als Taste, Ladehinweis oder Gliederungsfläche, übernimmt die Fotografie als grafisches Element Aufgaben, die über das reine Abbilden hinausgehen.

Ob als Kennzeichnung von Rubriken, Ladestatus, darstellendes Bild oder als kontextualisierende Hintergrundfläche – die Art der Fotografie und die Auswahl von Details müssen zur Absicht passen.

... das Foto übernimmt seine darstellende Funktion in Verbindung mit typografischen Elementen und ...

... wird schließlich zur kontextualisierenden Hintergrundfläche für weitere Fensterebenen.

Layout, der Entwurf

1.2.9
Elemente und
Objekte

Illustration und
Animation

Illustration und Animation

Die Einsatzgebiete von Illustrationen im digitalen Layout sind so vielfältig, dass deren Handhabung an keiner festgelegten Methodik orientiert ist. Es gibt jedoch bestimmte Typen von illustrativen Darstellungen, die eine spezielle Rolle übernehmen. Dazu gehört sicher die Gruppe der fotorealistischen Illustrationen, die genau dort ihre Verwendung findet, wo die Fotografie ihre Grenzen hat.
Diese Illustrationen erlauben ungewöhnliche Sichtweisen und tragen entscheidend zu der Faszination bei, die von der digitalen Bilderwelt ausgeht.

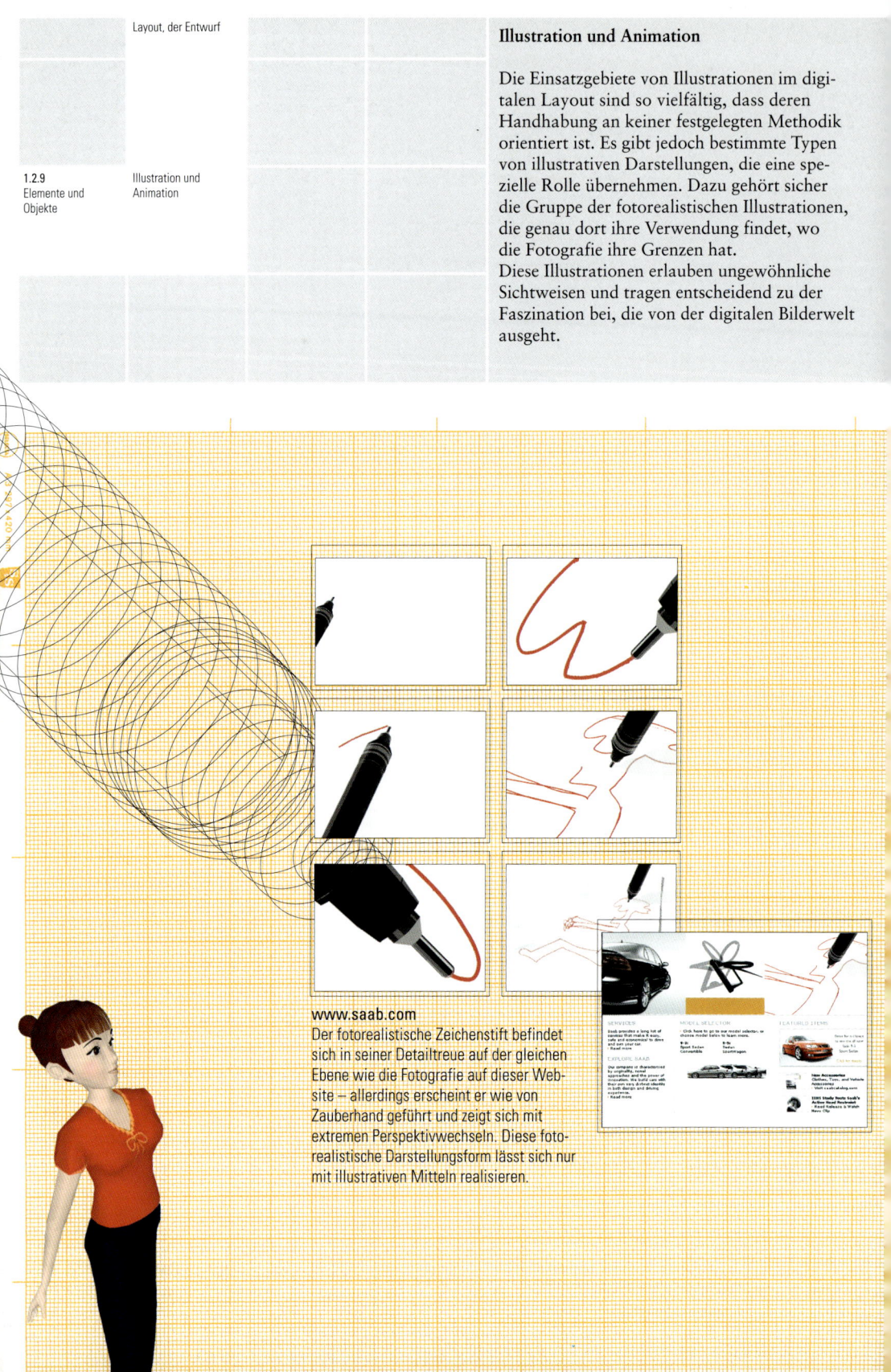

www.saab.com
Der fotorealistische Zeichenstift befindet sich in seiner Detailtreue auf der gleichen Ebene wie die Fotografie auf dieser Website – allerdings erscheint er wie von Zauberhand geführt und zeigt sich mit extremen Perspektivwechseln. Diese fotorealistische Darstellungsform lässt sich nur mit illustrativen Mitteln realisieren.

In einem anderen Bereich werden Illustrationen eingesetzt, weil sie idealisierend darstellen können und ihr Ablauf und Verhalten durch entsprechende Programmierung steuerbar ist. Dadurch können sie mit interaktiven Merkmalen ausgestattet werden, wie zum Beispiel bei künstlichen Charakteren, technischen Modellen oder wissenschaftlichen Sachverhalten.

www.dccard.co.jp
Die zeichnerische Abstraktion bei der Darstellung künstlicher Charaktere erlaubt im Gegensatz zur fotografischen Umsetzung eine starke Stilisierung und Idealisierung der Figuren. Form, Ausdruck und Verhalten sind in ihrer Darstellung voll steuerbar und eignen sich auch für die dynamische, animierte Anwendung.

Layout, der Entwurf

1.2.9
Elemente und
Objekte

Illustration und
Animation

Den Illustrationen können ganz unterschiedliche Ausdrucksformen zugrunde liegen: vom
künstlerischen Strich in Tuscheoptik oder der
zeichnerischen Umsetzung in Handarbeit bis hin
zum High-Tech-3D-Modell mit theoretischer
Flugfähigkeit.

Für den Einsatz im digitalen Layout gilt ebenfalls
die Regel, dass eine stilistische Durchgängigkeit
zur Konsistenz und damit auch zur Prägnanz des
Erscheinungsbildes beiträgt. Dies erreicht man
zum Beispiel durch eine einheitliche Wahl der
Farbgebung, der Festlegung von Linienstärken
oder sogar durch den gezielten Einsatz bestimmter Werkzeuge.

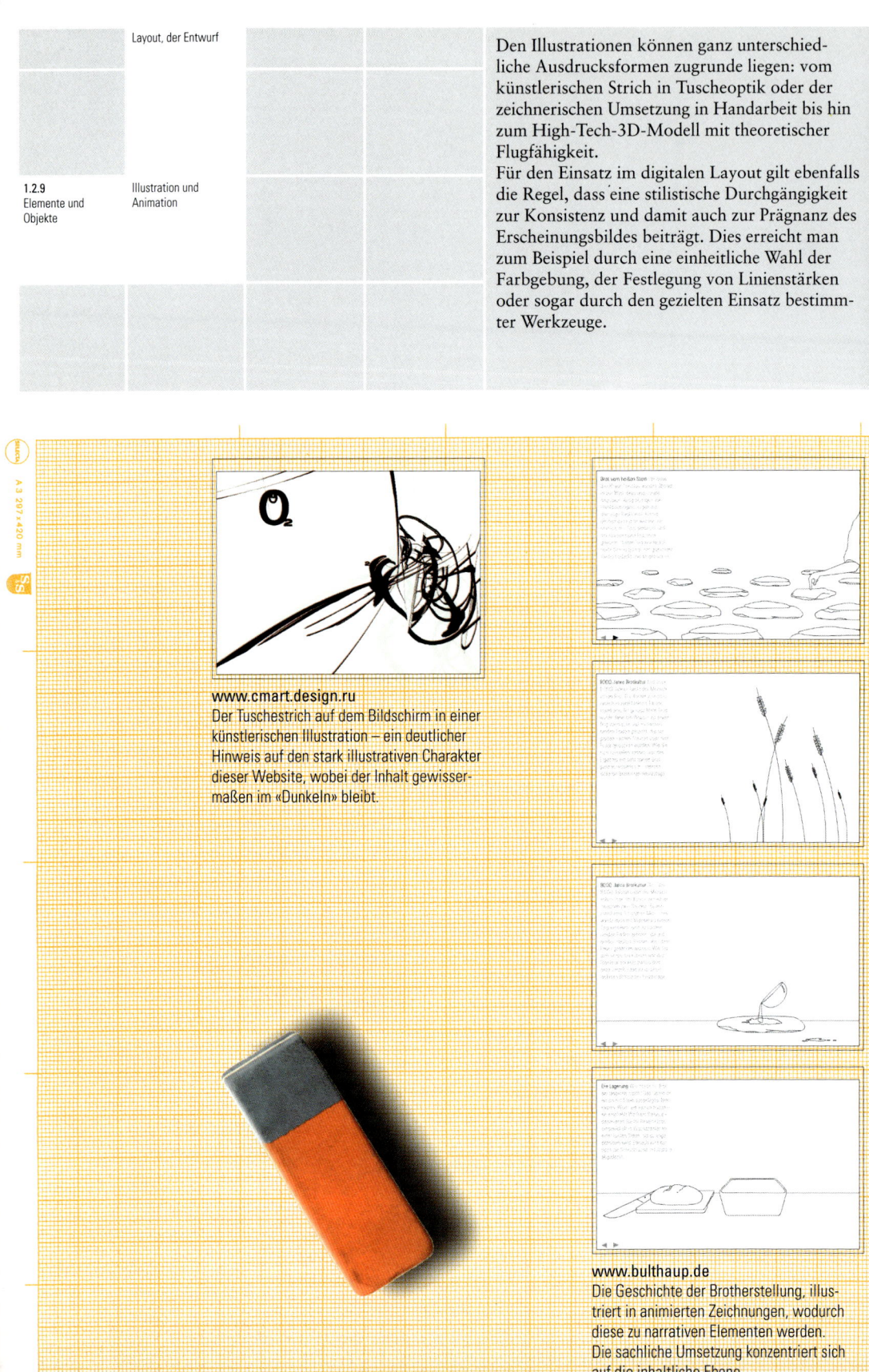

www.cmart.design.ru
Der Tuschestrich auf dem Bildschirm in einer
künstlerischen Illustration – ein deutlicher
Hinweis auf den stark illustrativen Charakter
dieser Website, wobei der Inhalt gewisser-
maßen im «Dunkeln» bleibt.

www.bulthaup.de
Die Geschichte der Brotherstellung, illus-
triert in animierten Zeichnungen, wodurch
diese zu narrativen Elementen werden.
Die sachliche Umsetzung konzentriert sich
auf die inhaltliche Ebene.

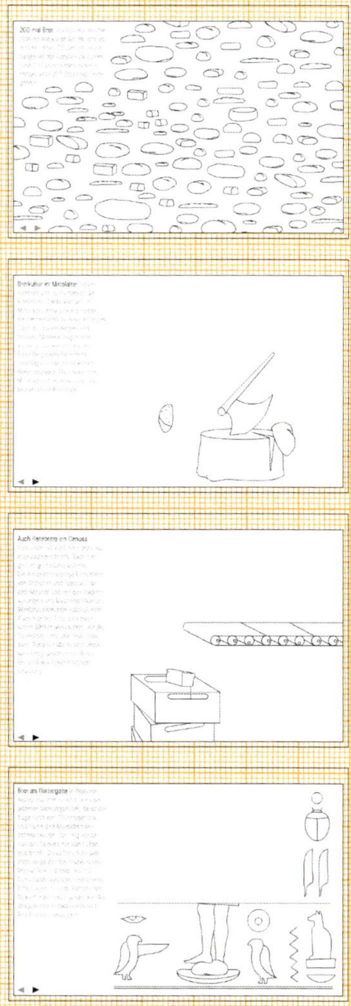

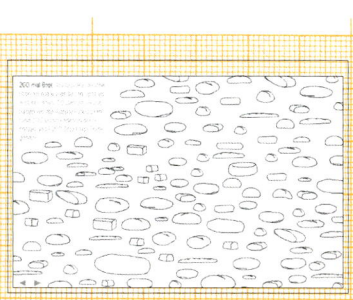

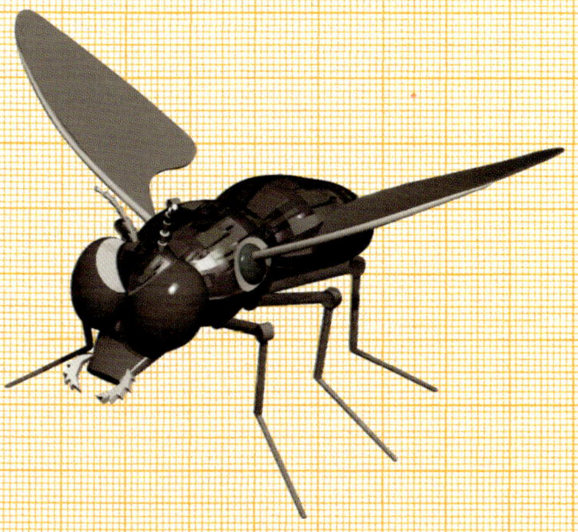

Für technisch-wissenschaftliche Sachverhalte eignet sich die Illustration besonders gut. Sie ermöglicht die Darstellung von Dingen, die sich sonst außerhalb des Sichtbaren befinden oder gar nur in visuellen Modellen existieren.

Icons

Überall dort, wo ein Sachverhalt, eine Eigenschaft oder eine Funktion in kurzer Form vermittelt werden soll, eignet sich im digitalen Layout
der Einsatz von Icons. Ein kleines visuelles Zeichen, das bei der Organisation eines Interface
und der Inhalte Platz sparen hilft.
In der grafischen Sprache unterscheiden sich
Icons mit hoher Ikonizität von solchen mit niedriger Ikonizität. Je höher die Ikonizität, desto
näher befindet sich eine Abbildung an der Realität. Seit der Einführung grafischer Benutzer-
oberflächen haben sich Icons immer mehr in
Richtung hoher Ikonizität, also zu detailreicher,
fotorealistischer Qualität hin entwickelt. Die

Niedrige Ikonizität

Abstraktes Symbol
Besitzt überhaupt keine darstellende
Qualität. Beruht weitestgehend auf
Konventionen, die erlernt werden müssen.

Abstrahierte Darstellung
Besitzt abbildende Qualität, jedoch stark
vereinfacht. Farbliche Kennzeichnung stellt
keinen Bezug zur Realität dar.

Einfache Darstellung
Die Abbildung orientiert sich stärker an der
Realität, mit Binnenstrukturen, Farbigkeit
und der Andeutung von Dreidimensionalität.

Charaktere

Sequenzen von Icons fügen die Dimension
der Zeit hinzu...

Wetter

... dynamische Icons: Abstraktion in
Illustration und Prozess...

Einkauf

Bildschirmoberfläche

Wahrnehmungsgewohnheiten im Umgang mit den digitalen Medien haben sich mit der besseren Technik weiterentwickelt: von den ersten Schritten in einer neuen Medienwelt hin zu Instrumenten unseres Alltags, mit realitätsnahen Attributen und entsprechender zeitnaher Verarbeitungsgeschwindigkeit.

Im digitalen Layout wird die Frage der Ikonizität dann entscheidend, wenn festgelegt werden muss, wie viel Platz für die Icons bereitgestellt werden kann. Icons mit einer hohen Abbildungsqualität setzen eine entsprechend höhere Auflösung voraus. Dort, wo weniger Auflösung und Platz zur Verfügung stehen, eignen sich eher abstraktere Icons.

Icons sollten idealerweise mit dem Gesamtbild des Layouts harmonieren, ganz sicher jedoch in ihrer visuellen Sprache konsistent sein. Größe und grafische Umsetzung müssen einheitlichen Regeln folgen und somit ein Icon als solches erkennbar und wiedererkennbar machen. Oft werden hierzu Icons vom restlichen Umfeld abgehoben, zum Beispiel durch Plastizität oder Rahmen. Wichtig ist auch die Platzierung: möglichst auf festgelegten Positionen, die so gewählt werden, dass die Icons schnell erfassbar sind.

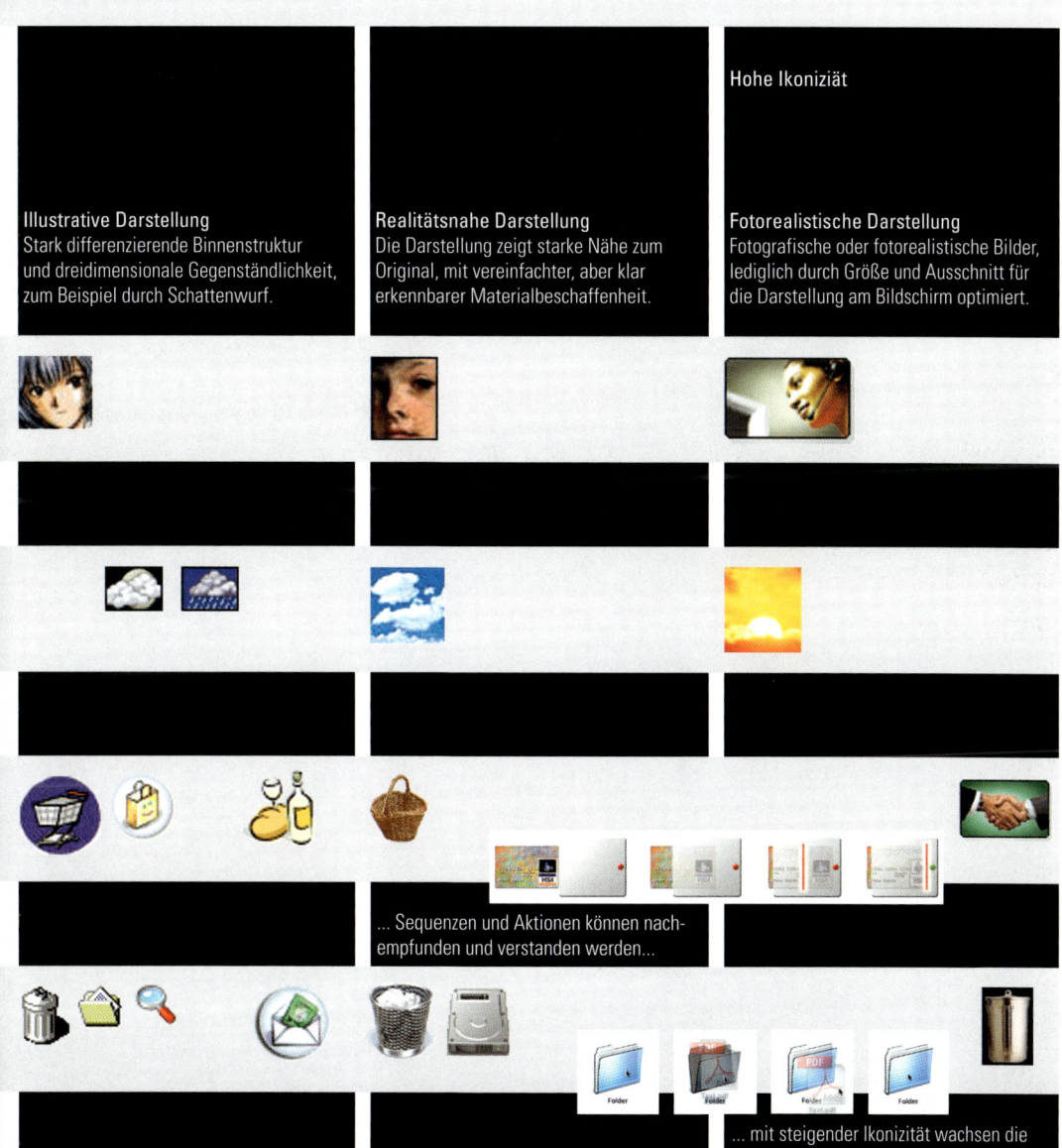

Hohe Ikoniziät

Illustrative Darstellung
Stark differenzierende Binnenstruktur und dreidimensionale Gegenständlichkeit, zum Beispiel durch Schattenwurf.

Realitätsnahe Darstellung
Die Darstellung zeigt starke Nähe zum Original, mit vereinfachter, aber klar erkennbarer Materialbeschaffenheit.

Fotorealistische Darstellung
Fotografische oder fotorealistische Bilder, lediglich durch Größe und Ausschnitt für die Darstellung am Bildschirm optimiert.

... Sequenzen und Aktionen können nachempfunden und verstanden werden...

... mit steigender Ikonizität wachsen die Anforderungen an die kinetische Qualität.

Hinsichtlich ihrer Bedeutung lassen sich Icons in drei Grundgruppen unterteilen. Erstens die Icons mit abbildenden Eigenschaften: Sie zeigen das, was auch gemeint ist, zum Beispiel die Wolke, die auch im Wetterbericht für das Auftreten von Wolken steht. Zweitens die Icons mit metaphorischen Eigenschaften, die ein Bild im übertragenen Sinn für einen anderen, tatsächlichen Sachverhalt zeigen, zum Beispiel den Papierkorb für den Vorgang des Löschens von Daten. Und schließlich drittens die symbolischen Icons, deren Bedeutung erlernt werden muss, die aber idealerweise auf standardisierten, bekannten Symbolen beruhen; so zum Beispiel der Pfeil des Cursors, der auf etwas zeigt und eigentlich eine Übertragung unserer Hand ist. Für die Arbeit am digitalen Layout

Abbildendes Icon
Die Darstellung bildet ab, was mit ihr gemeint ist und welche Bedeutung sie hat: zum Beispiel die Festplatte, die wie eine Festplatte dargestellt wird und für den Speicher des Computers steht.

Informierende Funktion
Icons, die lediglich zur Kennzeichnung, Repräsentation oder zur Information eingesetzt werden.

Die Icons eines Layouts können durchaus aus den drei unterschiedlichen Bedeutungsgruppen (Index, Metapher, Symbol) stammen. In ihrer funktionalen Eigenschaft - müssen sie jedoch eindeutig unterscheidbar sein: durch ihre Darstellung und/oder Position. Bei dieser Beispielreihe geschieht dies durch die farbliche Unterscheidung.

bbc.co.uk Wetterbericht

www.bertelsmann-club.de
Bewertung
Bücher
Computerzubehör
Spiele
Freundschaftswerbung

www.belizeforum.com
Lächeln

Überrascht
Blinzeln/Zuwinkern
Böse
Igitt!

Aktivierende Funktion
Das Icon kennzeichnet ein Objekt oder einen Button, durch dessen Auswählen oder Anklicken ein Ereignis oder eine Interaktion ausgelöst wird.

www.amazon.com
Elektrogeräte
Werkzeug
Spielwaren

Bücher
Reisen
Computerspiele

Drucken

Mac OS X Festplatte

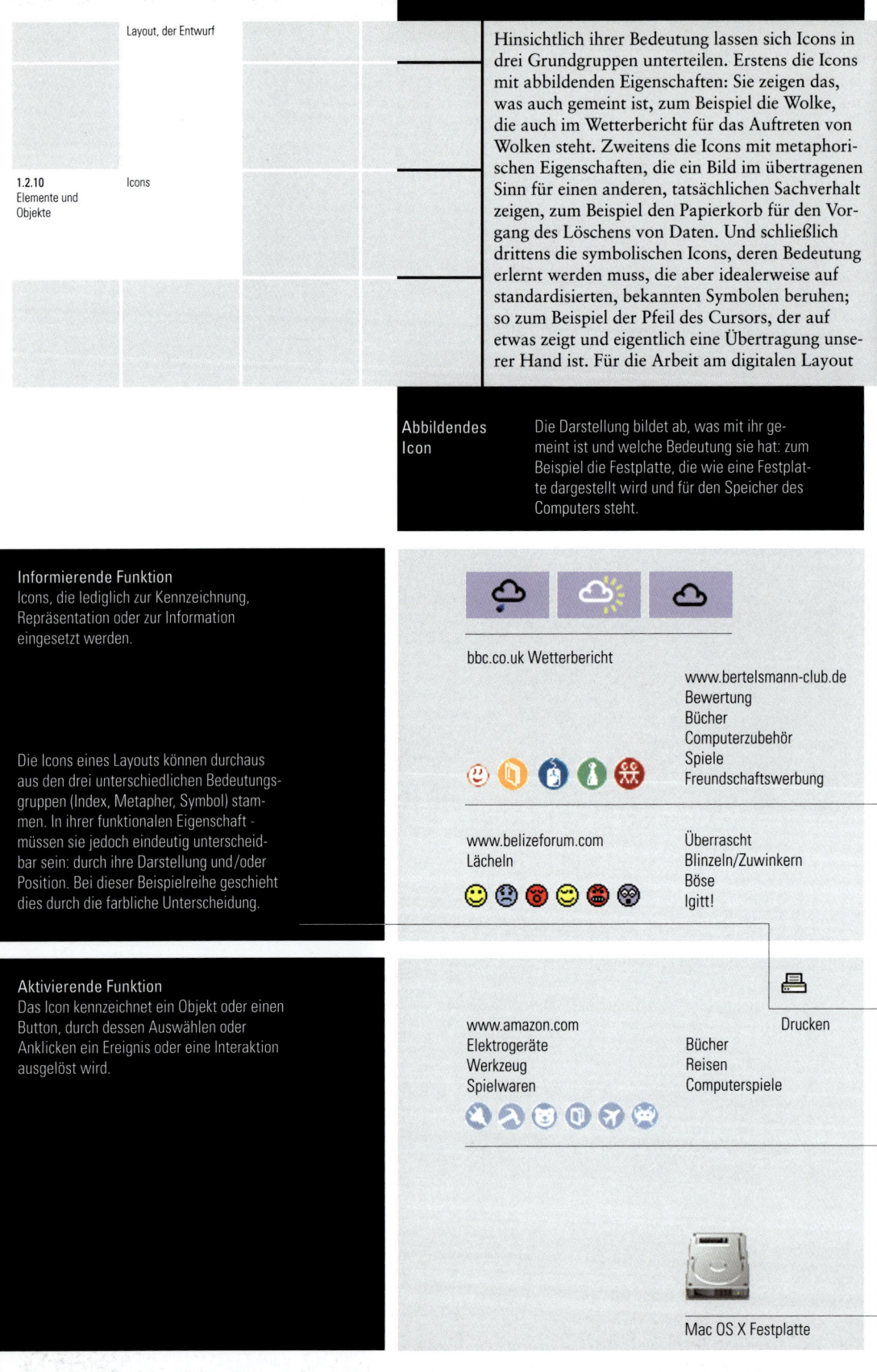

ist eine eindeutige Zuordnung der Icons in eine der genannten Gruppen wohl kaum immer möglich und auch nicht unbedingt erforderlich. Allerdings macht es durchaus Sinn, darauf zu achten, dass Icons zum Beispiel nicht ausschließlich symbolische Eigenschaften aufweisen, da dies eine verständliche Benutzerführung behindern kann. Doch wird sich auch ein Konzept durchgängig abbildender Icons kaum realisieren lassen, da zahlreiche Prozesse und Funktionen im digitalen Medium überhaupt kein reales Abbild besitzen. Icons übernehmen grundsätzlich zwei verschiedene Aufgaben: Die einen werden kennzeichnend und informierend eingesetzt, ohne unmittelbare Verbindung mit einer interaktiven Funktion. Die anderen lösen hingegen durch Anklicken oder

Verschieben eine direkte Aktion aus, wie zum Beispiel das Drucken einer Seite oder das Navigieren durch eine Anwendung. Der Benutzerfreundlichkeit zuliebe sollten diese beiden Gruppen durch ihre Gestaltung und/oder Position eindeutig unterscheidbar sein.

| Metaphorisches Icon | Die Darstellung bildet zwar etwas Reales ab, meint jedoch etwas anderes. Die Abbildung wird im übertragenen Sinn eingesetzt: zum Beispiel der Papierkorb, der eigentlich das Löschen von Dateien meint. | Symbolisches Icon | Eine Darstellung, der eine allgemein verständliche Konvention zugrunde liegt. Anderenfalls wäre das Icon unverständlich oder seine Bedeutung müsste erst im Kontext neu erlernt werden. |

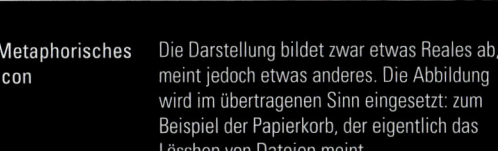

Warten
Verschieben
Bereich markieren

Fläche füllen
Farbe aufnehmen

Sicher einkaufen
Filme
Warenkorb

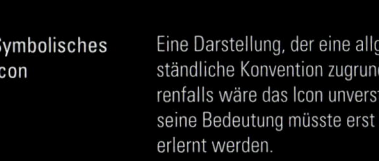

Cursor
Fadenkreuz
Einfügemarke

Zwinkern
Welch eine Nacht
Küsse
Traurig
Ganz schlimm

Musik
Sonderangebote

E-Mail
Private Nachricht
Beitrag beantworten
Thema abschließen

Thema
Neu
Neuer Beitrag

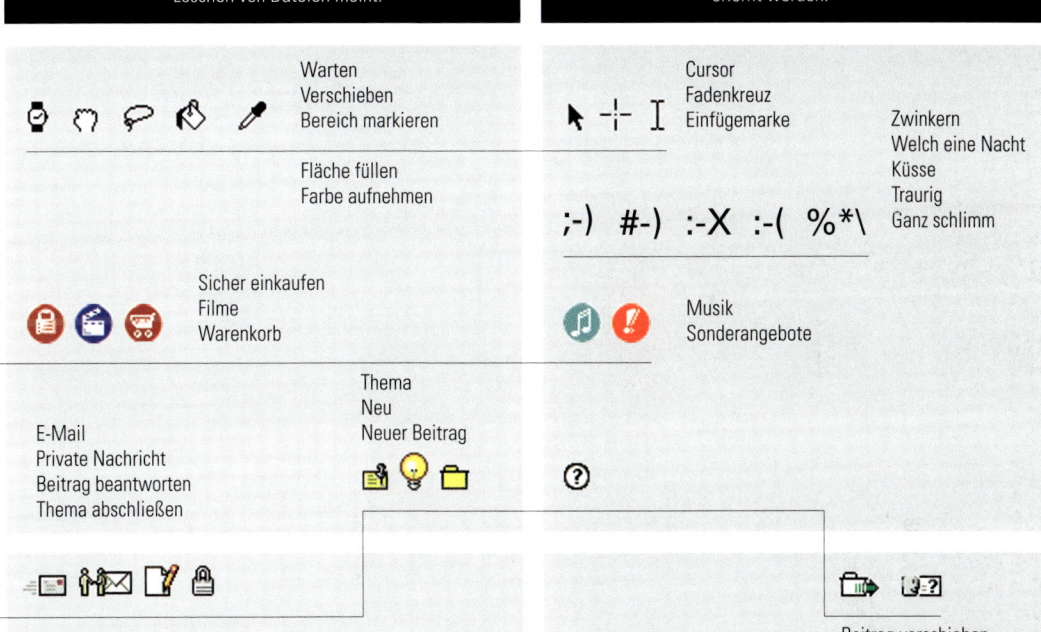

Beitrag verschieben
Nutzerprofil zeigen

Warenkorb zeigen
In Warenkorb hinzufügen

Starten/Gehe zu
DVD
Musik

Papierkorb   Mailprogramm starten

Messenger

1.2.11
Elemente und
Objekte

Funktionselemente

Funktionselemente

Funktionselemente machen das digitale Layout zum Interface. Sie ermöglichen das Auslösen von Aktionen, das Bearbeiten von Inhalten und Objekten, das Navigieren durch verschiedene Bildschirmseiten und vieles mehr. Zwei Kategorien finden Verwendung: Standardisierte Funktionselemente aus der «Toolbox» des Betriebssystems und eigenständig entworfene grafische Elemente, deren funktionale Eigenschaft durch eine entsprechende Programmierung festgelegt wird. Anders ausgedrückt, kann man die erste Gruppe als «praktisch» und die zweite als «individuell» charakterisieren.

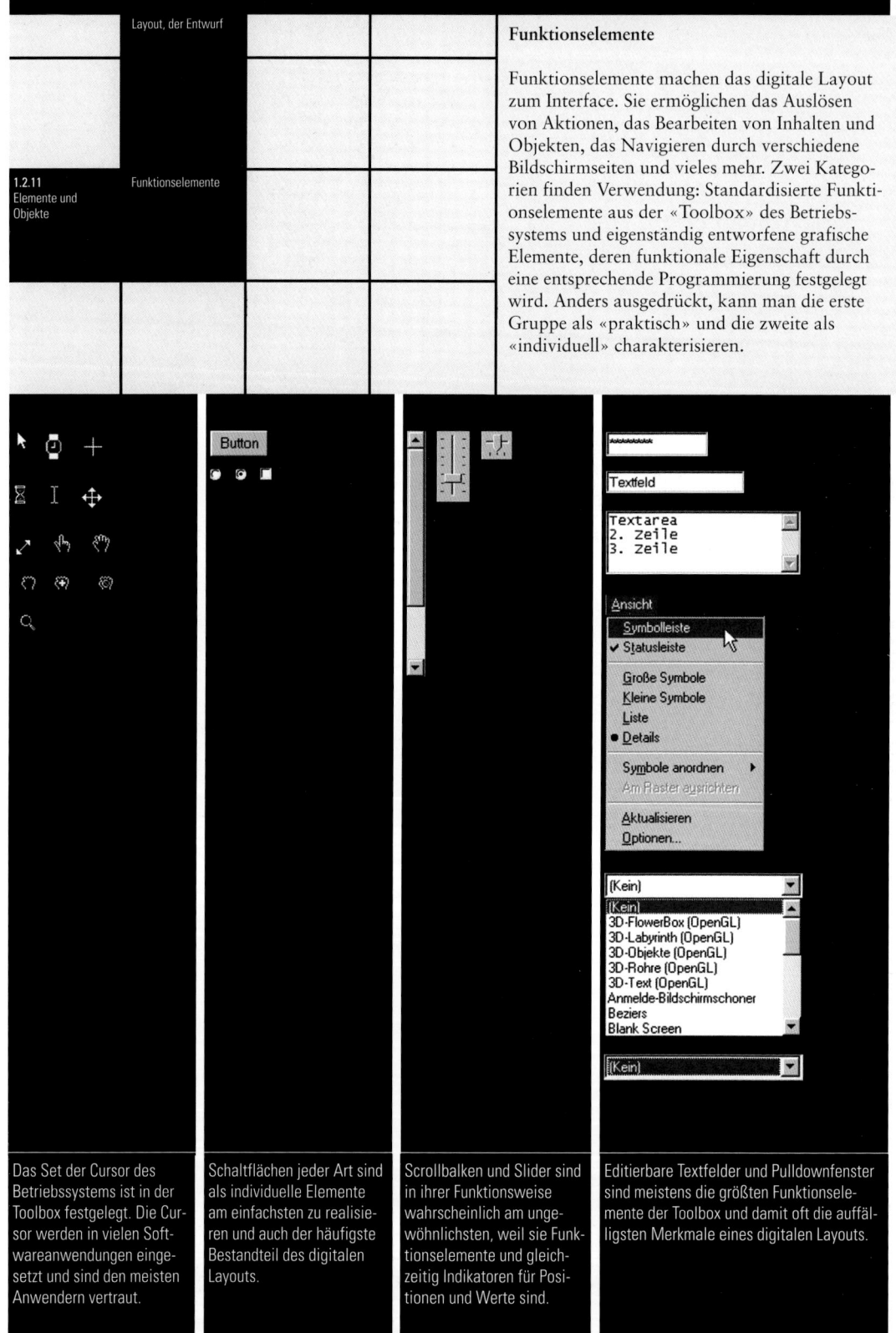

Das Set der Cursor des Betriebssystems ist in der Toolbox festgelegt. Die Cursor werden in vielen Softwareanwendungen eingesetzt und sind den meisten Anwendern vertraut.

Schaltflächen jeder Art sind als individuelle Elemente am einfachsten zu realisieren und auch der häufigste Bestandteil des digitalen Layouts.

Scrollbalken und Slider sind in ihrer Funktionsweise wahrscheinlich am ungewöhnlichsten, weil sie Funktionselemente und gleichzeitig Indikatoren für Positionen und Werte sind.

Editierbare Textfelder und Pulldownfenster sind meistens die größten Funktionselemente der Toolbox und damit oft die auffälligsten Merkmale eines digitalen Layouts.

Funktionselemente der Toolbox lassen sich technisch einfach in ein Interface einbinden. Sie finden sich in vielen anderen digitalen Anwendungen und werden deshalb von den Anwendern auf Anhieb verstanden. Visuell sprechen sie die Sprache des Betriebssystems, haben meist eine dreidimensionale Hervorhebung, können kaum verändert werden und wirken deshalb in einem digitalen Layout oft etwas deplaziert. Am besten lassen sich diese Funktionselemente integrieren, wenn die Unterschiede im Erscheinungsbild, zum Beispiel durch Farbgebung und Formensprache, nicht zu extrem sind.

Individuelle Funktionselemente sind jedoch aufwendiger zu realisieren. Sie lassen ein Interface wie aus einem Guss erscheinen und ermöglichen eine homogene Verbindung von Inhalt und Funktion. Die gestalterische Freiheit bei den Funktionselementen hat aber auch Grenzen. Denn das, was einem im eigenen Entwurf völlig logisch erscheint, kann Anwender möglicherweise vor unlösbare Rätsel stellen. Es empfiehlt sich also zumindest dort, wo standardisierte Funktionen durch individuelle Funktionselemente dargestellt werden, vertraute Funktionsweisen nicht ganz außer Acht zu lassen.

Individuelle Cursor können besonders dann sinnvoll sein, wenn sie bei Mausberührung (Roll-Over) auf bestimmte Inhalte oder Funktionen hinweisen sollen.

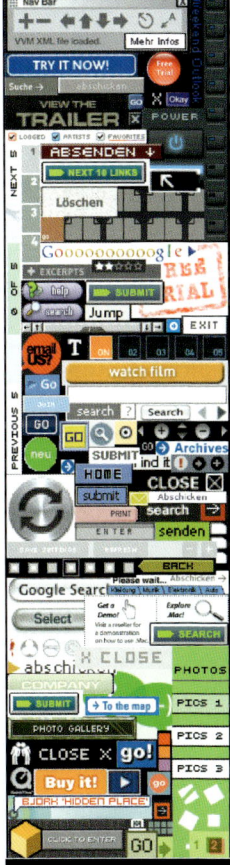

Taste (Button), Markierungsfeld (Checkbox) und Auswahlfeld (Radiobutton) sind als Elemente der Toolbox sehr einfach gehalten und ermöglichen außer der Beschriftung keine weitere grafische Kodierung.

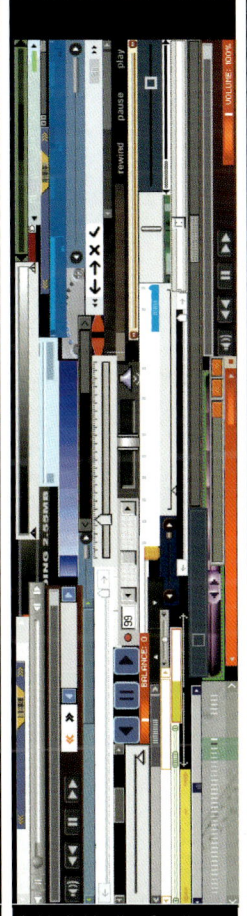

Bei individuellen Scrollbalken und Slidern bietet es sich an, wegen ihrer eigenwilligen Funktionsweise auf bekannte Funktionsprinzipien zurückzugreifen.

Textfelder und Pulldownfenster haben wegen ihrer Formate großen Einfluss auf das Gesamterscheinungsbild. Ihre individuelle Anpassung an das Layout macht sich besonders deutlich bemerkbar.

Layout, der Entwurf

1.3.0

Montage im Layout

Der Begriff «Montage» beschreibt sowohl das Zusammenfügen einzelner visueller Elemente zu einem neuen, bedeutungsvollen Gesamtbild als auch den technischen Aspekt des Zusammenmontierens einzelner Bestandteile zu einem konstruierten Gegenstand. Im Fall des digitalen Layouts ist damit der funktionale Charakter eines Interface sehr gut beschrieben. In der visuellen Gestaltung ist der Begriff «Montage» aber nicht denkbar ohne die künstlerischen Ausdrucksformen, die zu Beginn des 20. Jahrhunderts geprägt wurden. Vordenker wie Hans Richter, Sergej Eisenstein oder Oskar Fischinger haben Text-, Bild- und Tonelemente zu Collagen montiert –

Montage – wie der Klang einer Symphonie

Eine Montage kann sich auf einen einzelnen Zeitpunkt oder einen zeitlichen Ablauf beziehen. Sergej Eisenstein beschreibt dies als vertikale und horizontale Montage, also das zeitgleiche (vertikale) Arrangement von Elementen und ihre zeitliche (horizontale) Abfolge. Eisenstein verglich dies mit der Partitur einer Symphonie, bei der vertikal die Instrumente und horizontal die Abfolge der Töne notiert sind.

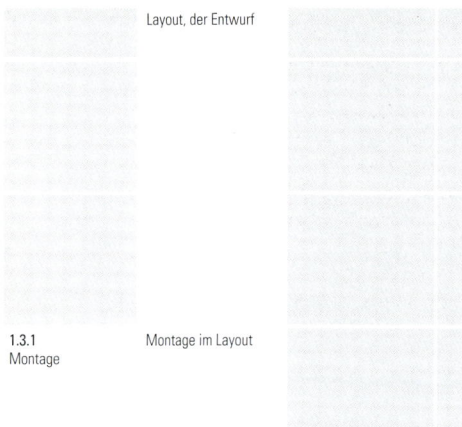

Zeitbasierte Software

Genau dieses Prinzip finden wir ebenfalls im Bereich der digitalen Medien, beim Arbeiten in Ebenen und dem Arrangement einzelner Layoutelemente entlang der Zeitachse: Gängige Computerprogramme sind genau nach diesem Prinzip aufgebaut.

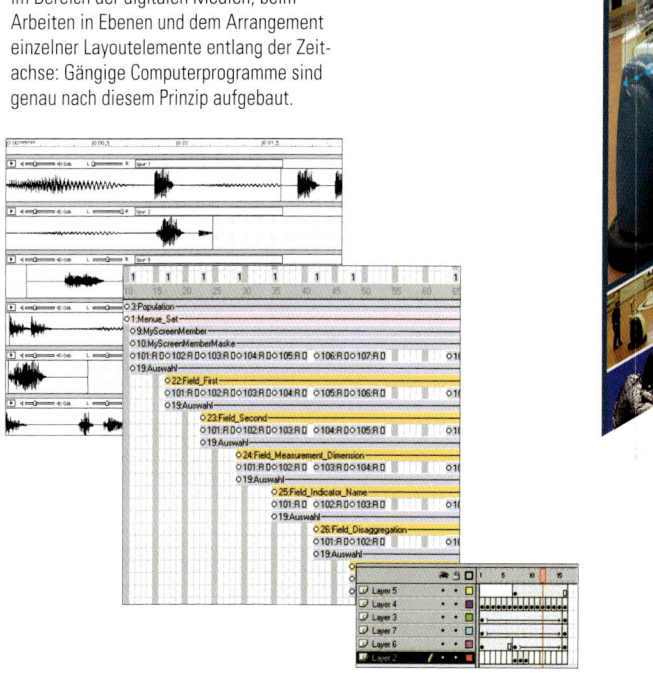

und durch die Einbeziehung der zeitlichen Dimension entstanden neuartige Formen des experimentellen Films. Die Bestandteile dieser Montagen mussten nicht zwangsläufig in einem direkten Bezug zueinander stehen, sondern haben oft erst durch eine intellektuelle Leistung der Betrachter einen neuen Sinn ergeben.

Jedes Element des digitalen Layouts wird durch einen Programmcode beschrieben. Einzeln oder zu Gruppen zusammengefasst bilden sie Figuren, die in ihrer Lage und Form weitestgehend flexibel sind. Im Prozess der Montage eines Layouts kann man sie frei bewegen, in Ebenen schichten, vervielfältigen, skalieren, ihre Erscheinung verändern – und sie wieder in ihren ursprünglichen Zustand zurückversetzen. Digitale Layouts

werden modular aufgebaut, und idealerweise bleiben sie modular – ganz im Gegensatz zum Layout der klassischen Medien, wo die grafischen Elemente im Endprodukt eine feste, unveränderliche Verbindung mit dem Informationsträger eingehen. Dieser grundsätzliche Unterschied bewirkt bei den digitalen Medien eine Verknüpfung statischer und dynamischer Montageformen und ermöglicht Layoutkonzepte, die den gestalterischen Grundlagen des Films und der Printmedien gleichermaßen entstammen.

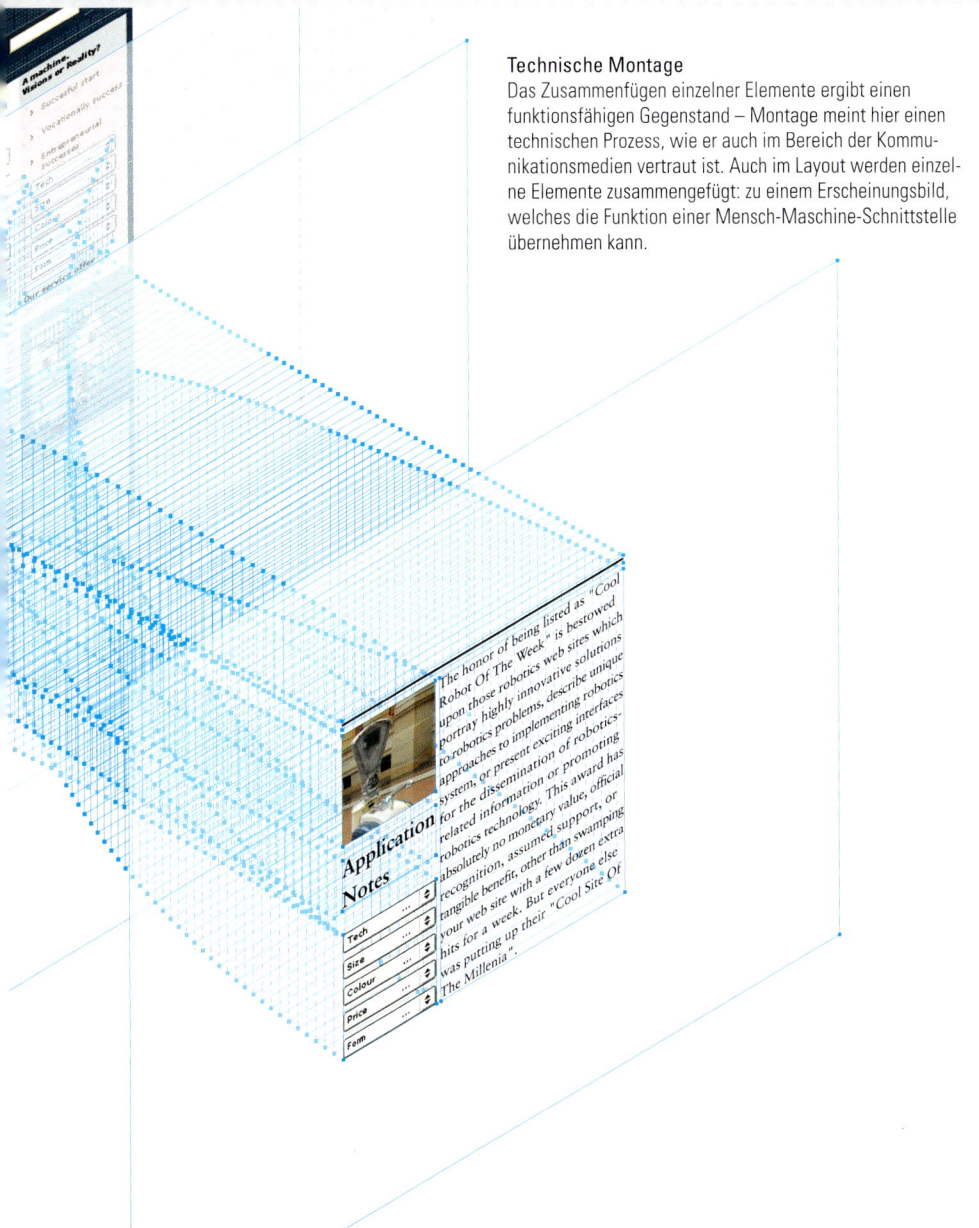

Technische Montage

Das Zusammenfügen einzelner Elemente ergibt einen funktionsfähigen Gegenstand – Montage meint hier einen technischen Prozess, wie er auch im Bereich der Kommunikationsmedien vertraut ist. Auch im Layout werden einzelne Elemente zusammengefügt: zu einem Erscheinungsbild, welches die Funktion einer Mensch-Maschine-Schnittstelle übernehmen kann.

Vertikale Montage – Figur-Grund

Grafische Elemente – einzeln oder in Gruppen – bilden Figuren, die in Relation ihrer Lage zur Grundfläche organisiert werden. Figuren und Grund beeinflussen sich dabei gegenseitig in erheblichem Maße: Jede Veränderung der Lage einer Figur verändert auch den Eindruck der Grundfläche, der im digitalen Layout beispielsweise das «Fenster» entspricht. Die Gestaltung der Figur-Grund-Beziehung zielt darauf ab, die Wahrnehmung der Figuren zu fördern, einen bestimmten Layoutcharakter zu vermitteln und die Interaktion mit dem Interface zu organisieren. Soweit sich dieser Prozess auf eine einzelne Situation bezieht, entspricht er dem Prinzip der

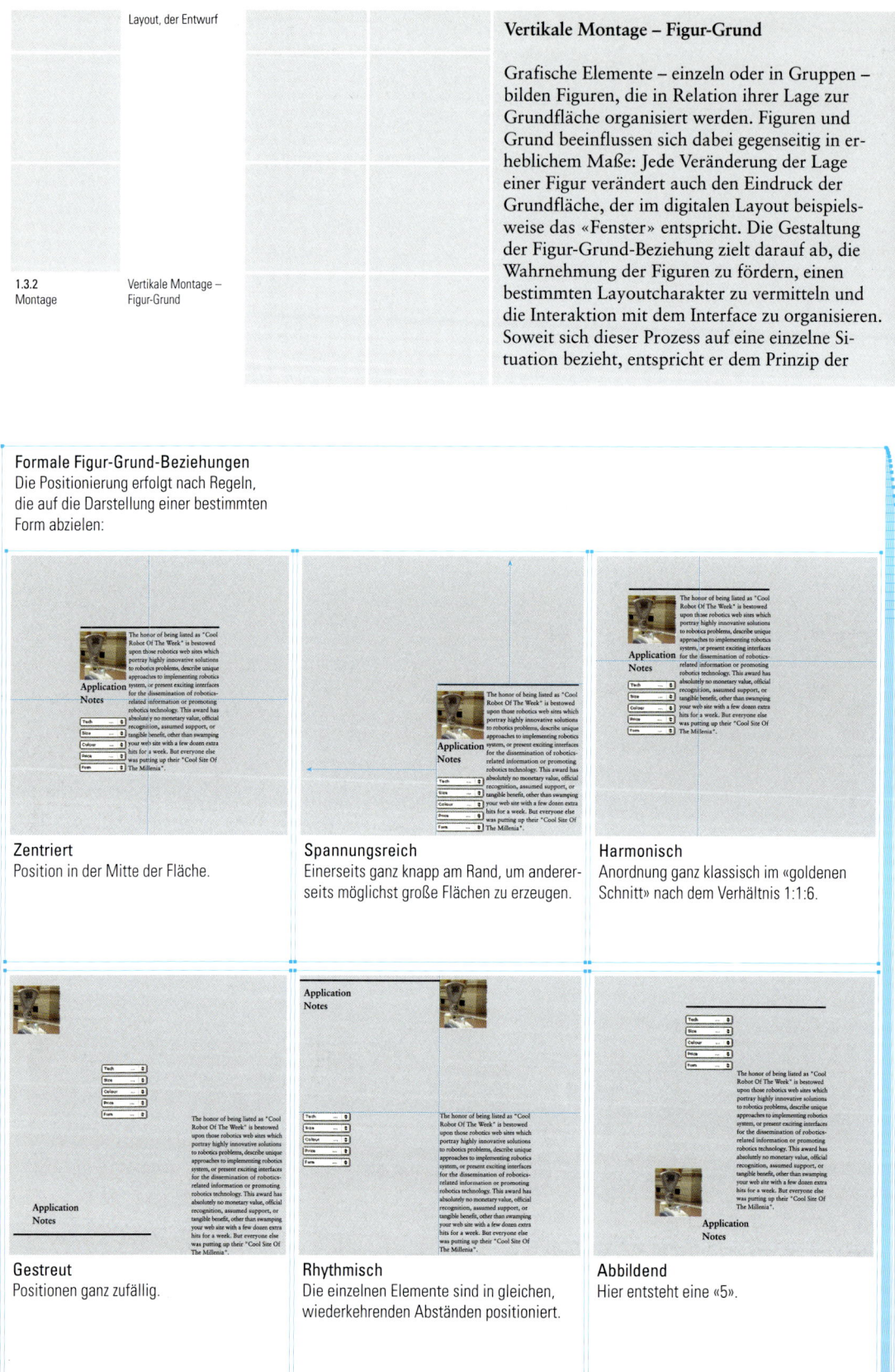

Formale Figur-Grund-Beziehungen
Die Positionierung erfolgt nach Regeln, die auf die Darstellung einer bestimmten Form abzielen:

Zentriert
Position in der Mitte der Fläche.

Spannungsreich
Einerseits ganz knapp am Rand, um andererseits möglichst große Flächen zu erzeugen.

Harmonisch
Anordnung ganz klassisch im «goldenen Schnitt» nach dem Verhältnis 1:1:6.

Gestreut
Positionen ganz zufällig.

Rhythmisch
Die einzelnen Elemente sind in gleichen, wiederkehrenden Abständen positioniert.

Abbildend
Hier entsteht eine «5».

«vertikalen Montage». Diese lässt sich nach formalen und semantischen Kriterien aufbauen. Vertikale Montagen mit dem Ziel einer Figur-Grund-Beziehung lassen sich nach zwei Prinzipien unterscheiden: Eine Montage nach formalen Regeln erfolgt frei von einer inhaltlichen Bedeutung und ist daher auf einer sehr grundsätzlichen Ebene als Entwurfsrichtlinie nützlich. Dies führt zu festen Regeln für die Bestimmung einer Lagerelation, wie zum Beispiel «Anordnung immer mittig». Anders ist es bei den semantischen Kriterien: Diese beziehen sich in erster Linie auf die Bedeutung, die sich aus einer Montage ergibt. Ein einfaches Beispiel hierfür: Ganz oben angeordnet bedeutet «am wichtigsten». Die Steuerung des visuellen Eindrucks über die Figur-Grund-Beziehung ist ein sehr effektives Prinzip der Layoutgestaltung. Aus ihm lassen sich syntaktische Regeln für die gestalterische Zusammensetzung einer ganzen Folge von Layouts ableiten.

Semantische Figur-Grund-Beziehung
Die Positionierung richtet sich nach der Bedeutung, die vermittelt werden soll:

Hierarchisch
Die Position ergibt sich aus der Wichtigkeit der Elemente, unabhängig von der Lesefolge.

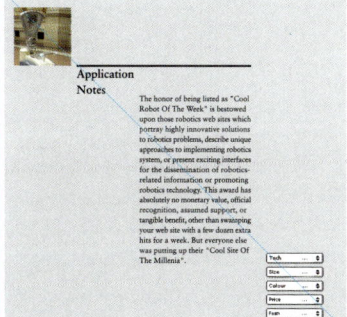

Linear
Hier entspricht die Reihenfolge einer möglichen Lesefolge, die das Verstehen der Inhalte unterstützt.

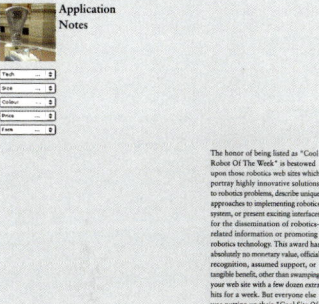

Gewichtend
Alles ist auf die Fotografie hin geordnet, um deren Bedeutung zu unterstreichen.

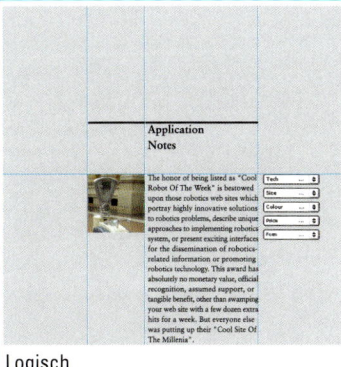

Logisch
Das Gesamtbild soll die inhaltlichen Bezüge der Elemente untereinander vermitteln.

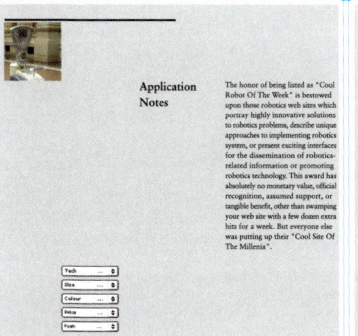

Betonend
Das Gesamtbild soll durch Freiraum die eigenständige Rolle der einzelnen Elemente betonen.

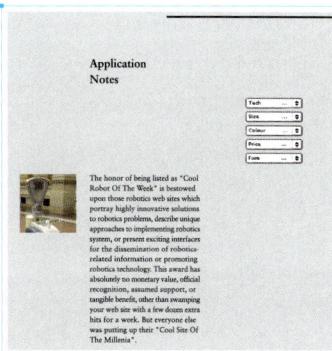

Räumlich
Umfangreiche, komplexere Elemente stehen unten, einfachere orientieren sich nach oben. Es entsteht eine «räumliche» Gliederung.

Vertikale Montage – Figur-Figur

Die Beziehungen der Figuren untereinander bilden die Grundlage für eine Ordnungssystematik, wie sie zur Entschlüsselung eines Interface notwendig ist. Das digitale Layout vereinigt unterschiedliche Bestandteile auf engem Raum, deren funktionale Eigenschaften bereits durch die räumliche Gliederung gekennzeichnet werden können. Beziehen sich zum Beispiel die Tasten auf die Auswahl unterschiedlicher Bilder oder auf unterschiedliche Texte? Bewirkt die Interaktion eine partielle Veränderung, oder ändert sie den gesamten Inhalt des Fensters? Allein die räumliche Ordnung vermittelt hier mehr und

Wechselnde Beziehungen

Es gibt sicher unzählige Möglichkeiten, Beziehungen zwischen einzelnen Figuren (hier Elementen) herzustellen. Manche davon sind sehr einfach, aber äußerst effektiv:

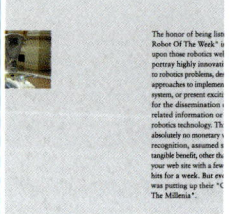
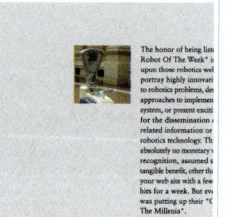

Raum

Verbinden und Trennen durch Raum. Was eng zusammen steht, wird als zusammengehörig verstanden. Abstand hingegen baut eine Trennung auf – selbst wenn es sich um sehr wenige Elemente handelt.

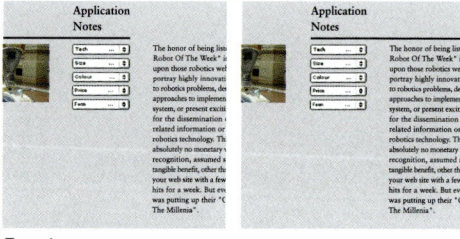

Zuordnung

Einfache grafische Elemente, wie hier die Linie, schaffen Klarheit. Die Schaltflächen in der Mitte beziehen sich links auf das Bild und rechts auf den Text. Allein die Linie verändert die Bedeutung der Elemente – was den Aufbau eines Interface stark vereinfachen kann.

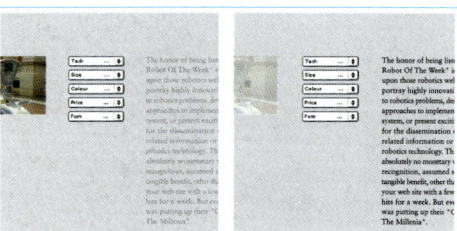

Präsenz

Auch die Präsenz einzelner Elemente kann Zusammengehörigkeit vermitteln – sogar gegen die strukturierende Wirkung anderer Elemente.

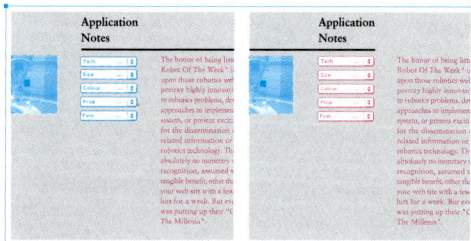

Kodierung

Ebenso funktioniert die Kodierung durch Farbe. Sie zeigt eindeutig Zusammengehörigkeit.

klarere Hinweise, als es durch das umständliche Beschreiben in Wörtern möglich wäre.

Zurück zu den Vorzügen der Montage im digitalen Layout: Die technische Unabhängigkeit einzelner Elemente erlaubt die Modifikation ihrer Darstellung, ohne das aktuelle Umfeld verlassen zu müssen. Dadurch ist es möglich, im Interface wechselnde Beziehungen und Ordnungen darzustellen, die ganz allein auf die aktuelle Situation hin abgestimmt sind und den Anwendern dabei helfen, den Überblick zu bewahren. Auch das Übereinanderschichten einzelner Elemente erhält dadurch eine neue Bedeutung: In der Figur-Grund-Beziehung, aber auch in der Figur-Figur-Beziehung entsteht schnell ein räumlicher

Eindruck, der als weitere Ordnungssystematik eingesetzt werden kann.

Die Beziehung der Elemente zueinander entscheidet auch über die räumliche Ordnung. Sogar die einfachste Veränderung der Intensität oder Größe der Abbildung hat Einfluss auf den räumlichen Eindruck. Virtueller Raum basiert auf menschlicher Erfahrung, ohne dreidimensional sein zu müssen [> 3.2].

Verdichten und Betonen

Die technische Unabhängigkeit einzelner Elemente ermöglicht verschiedene Formen der Gewichtung, zum Beispiel die Überlagerung in Ebenen oder die Skalierung. Bei der Verdichtung kann der Aufbau variiert und in seiner Kodierung modifiziert werden. So lassen sich aktive und inaktive Elemente kennzeichnen und Hierarchien darstellen. Die Skalierung einzelner Elemente ist sicher die einfachste und offensichtlichste Form der Betonung.

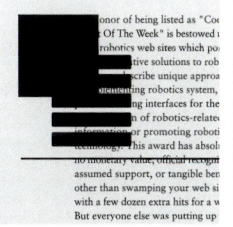 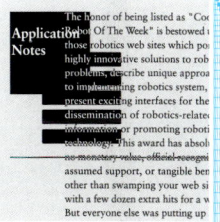

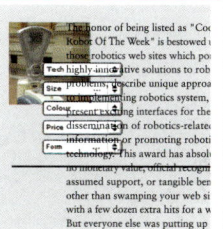 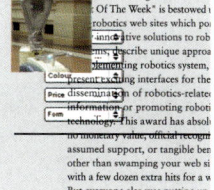

Einheit und Differenzierung

Die einheitliche Farbgebung löst die Differenzierung auf und lässt die verschiedenen Elemente und Ebenen zu einer Figur auf einer Ebene verschmelzen. Gegenseitiges Aussparen lässt einzelne Teile wieder hervortreten, obwohl der Eindruck einer geschlossenen Figur erhalten bleibt.

Hinten und vorne

Allein der Aufbau der Ebenen innerhalb der Verdichtung kennzeichnet eine Hierarchie. Einer der großen Vorzüge im digitalen Layout: Die Anordnung kann variabel gestaltet werden. Ob ein Element vorne oder hinten angeordnet steht, ist keineswegs festgelegt, sondern dynamisch veränderbar.

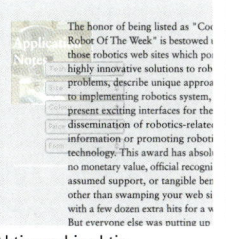

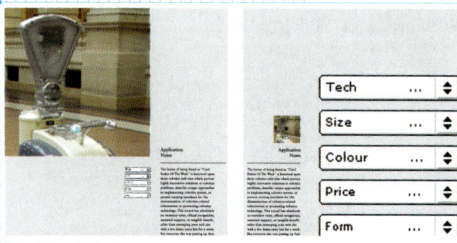

Aktiv und inaktiv

Durch eine einheitliche Tonstufe lassen sich verdichtete Elemente zum Hintergrund hin abschwächen, um dann einzelne in ihrem ursprünglichen Tonwert wieder hervortreten zu lassen. Alle Elemente bleiben präsent und lassen sich doch in ihrer Wertigkeit unterscheiden – um sie zum Beispiel als aktiv oder inaktiv zu kennzeichnen.

Groß und klein

Dies ist sicherlich die einfachste und offensichtlichste Form, den Status einzelner Elemente zu kennzeichnen.

Layout, der Entwurf

1.3.4
Montage

Horizontale Montage –
Figur-Grund-Zeit

Horizontale Montage – Figur-Grund-Zeit

Horizontale Montage und Filmschnitt – beides meint den gleichen Prozess: das Zusammenfügen von Bildern oder Bildsequenzen in einer zeitlichen Abfolge. Im Gegensatz zum Film kann jedoch bei der Montage eines digitalen Layouts die technische Unabhängigkeit der einzelnen Elemente weitgehend beibehalten werden. So können Teile des Layouts einer dynamischen Bewegung oder Veränderung folgen, während andere lediglich in statischer Form eingebunden sind – und bei nächster Gelegenheit kann alles genau umgekehrt sein.

Harter Schnitt
Die Veränderungen im Bild sind abrupt. Komplette Bildwechsel sind einfacher wahrzunehmen als partielle, die zum Beispiel nur eine Veränderung der Position nach sich ziehen.

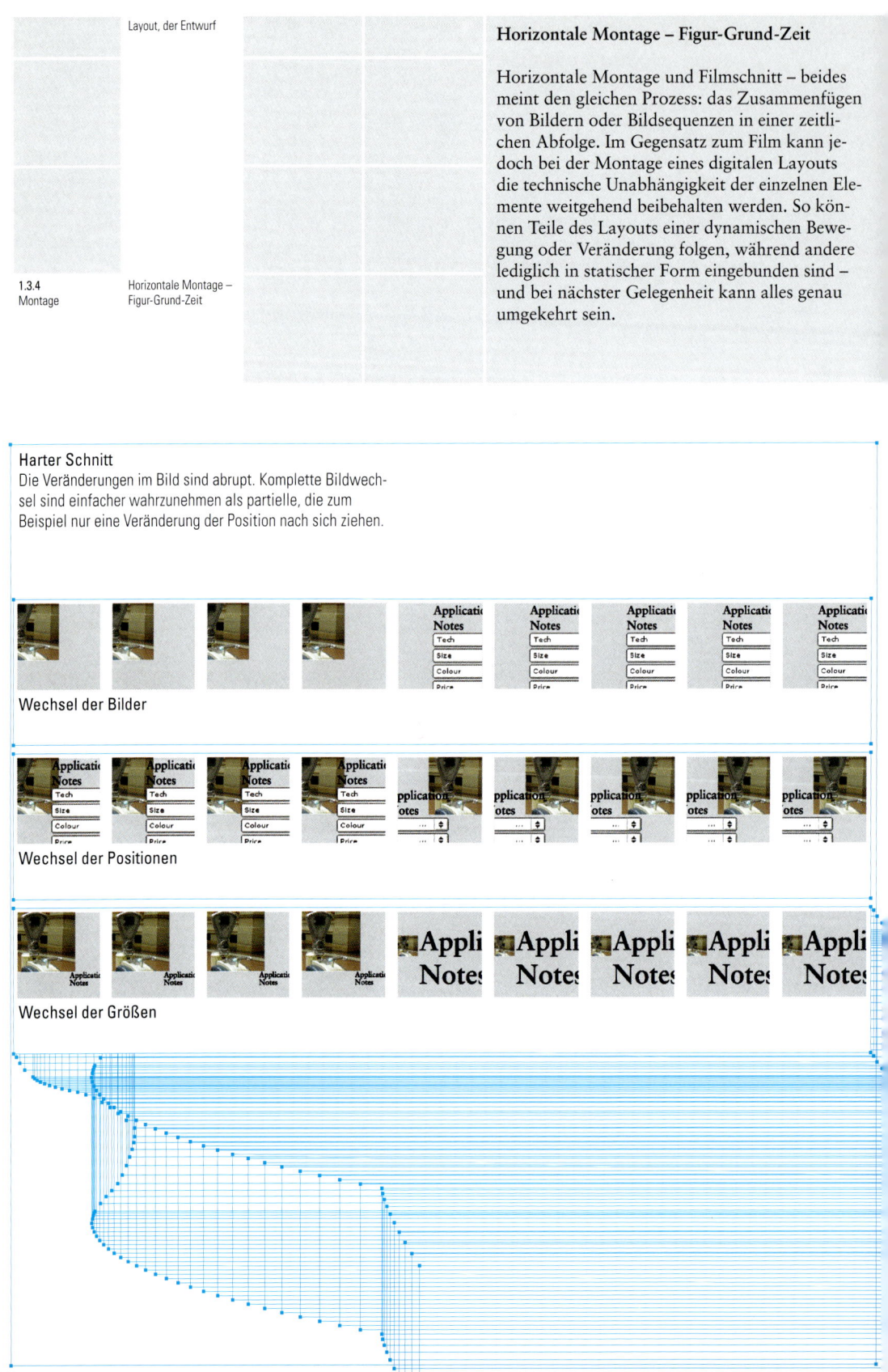

Wechsel der Bilder

Wechsel der Positionen

Wechsel der Größen

Die technischen und syntaktischen Prinzipien in der horizontalen Montage entsprechen denen des Filmschnitts und werden in «harte» und «fließende» Schnitte unterteilt. Die digitalen Medien ermöglichen es, dass dies in multipler Form und zeitgleich geschehen kann: bezogen auf das gesamte Layout oder beschränkt auf einzelne Elemente und Teilbereiche. Sergej Eisensteins Vergleich der Montage im Film mit der Partitur eines orchestralen Musikstücks [>1.3.2] gilt daher erst recht für das digitale Layout: Auch hier geht es darum, das Zusammenspiel der Elemente in der visuellen, zeitbasierten Montage exakt zu «komponieren».

Neben der filmischen Inszenierung von Inhalten helfen animierte Sequenzen bei der Organisation der Bestandteile eines Layouts. So können zum Beispiel Teile, die nur temporär benötigt werden, bei Bedarf ein- und ausgeblendet werden, ihre Größe und Erscheinung ändern oder ihre Lage wechseln. «Hart geschnittene» Transformationen erfordern dabei eine höhere Aufmerksamkeit bei den Anwendern als «weiche». Angesichts der Komplexität vieler Interfaces ist es daher oft sehr hilfreich, wenn Veränderungsschritte in nachvollziehbaren Bewegungsabläufen gestaltet werden.

Weicher Schnitt

Veränderungen laufen fließend, über mehrere Zwischenschritte ab. Diese können dann kontinuierlich, aber auch beschleunigend und verlangsamend in der Bewegung aufgebaut sein.

Fließende Bewegung

Weiche Überblendung

Schrittweise Transformation / Morphing

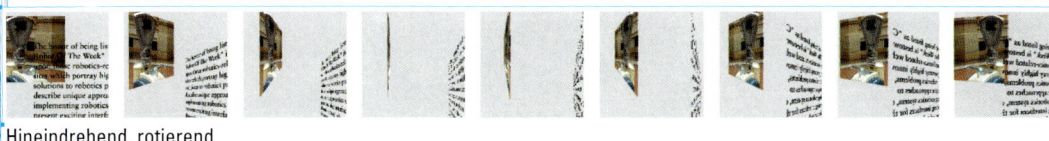

Hineindrehend, rotierend

Aufblendend

Visuelle Gesten

Gesten sind Ausdrucksformen, die in ihrer Gesamtheit erfasst werden und die eigentliche Informationsvermittlung durch Texte oder Bilder begleiten. Auch bei einer Montage kann man von einer visuellen Geste sprechen, die in hohem Maße für die Gesamterscheinung des Layouts entscheidend ist. Visuelle Gesten helfen, einen Eindruck zu vermitteln, ohne dass auf diesen ausdrücklich, etwa durch Text, hingewiesen werden muss. Entscheidend wird dies dort, wo es um eine differenzierte Betrachtung der unterschiedlichen Bedeutungsebenen eines Layouts geht, wo Inhalte, Eindrücke und Interaktionsmöglichkeiten ohne große Erklärungen eindeutig identifi-

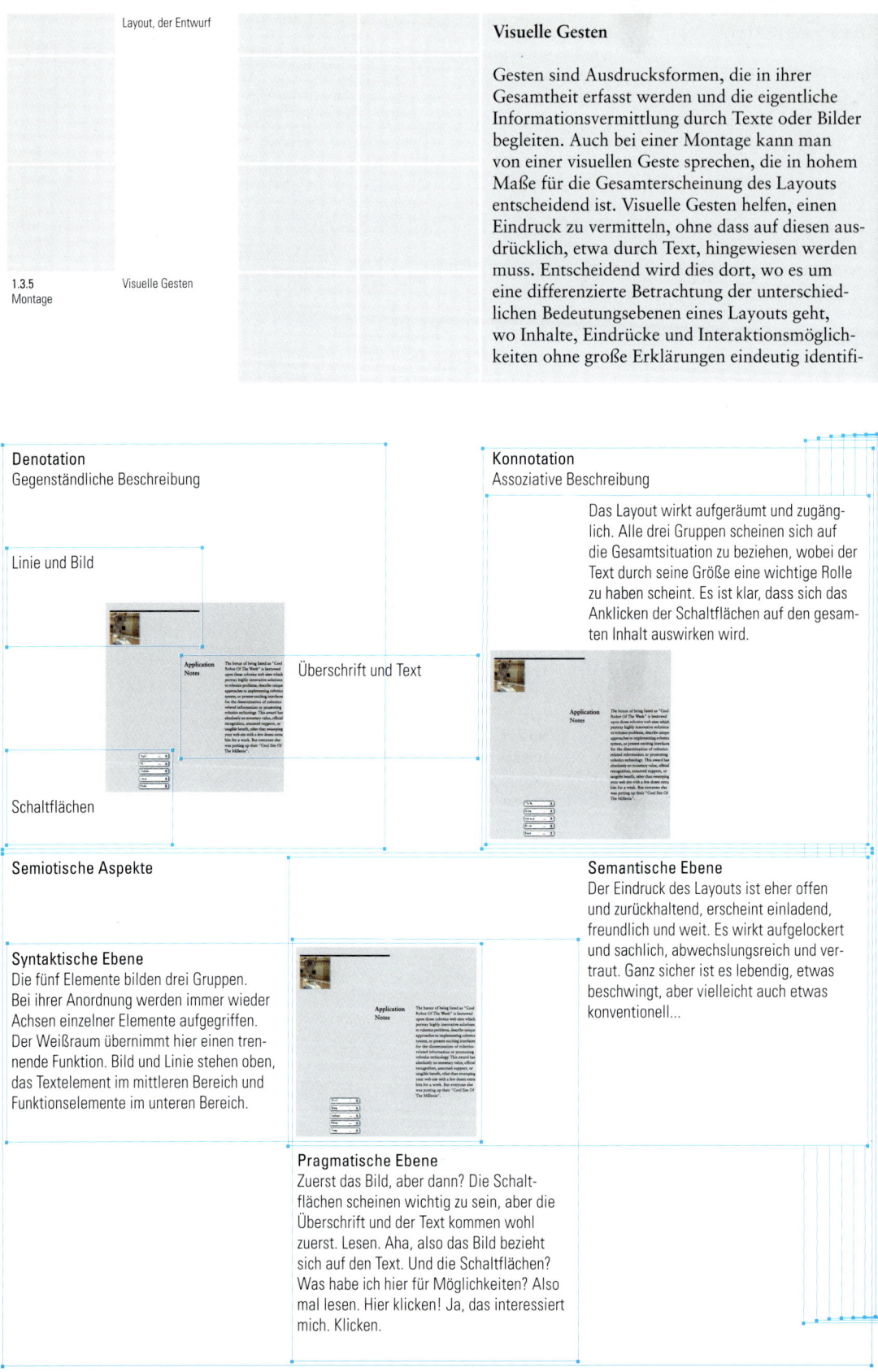

Denotation
Gegenständliche Beschreibung

Linie und Bild

Überschrift und Text

Schaltflächen

Konnotation
Assoziative Beschreibung

Das Layout wirkt aufgeräumt und zugänglich. Alle drei Gruppen scheinen sich auf die Gesamtsituation zu beziehen, wobei der Text durch seine Größe eine wichtige Rolle zu haben scheint. Es ist klar, dass sich das Anklicken der Schaltflächen auf den gesamten Inhalt auswirken wird.

Semiotische Aspekte

Syntaktische Ebene
Die fünf Elemente bilden drei Gruppen. Bei ihrer Anordnung werden immer wieder Achsen einzelner Elemente aufgegriffen. Der Weißraum übernimmt hier einen trennende Funktion. Bild und Linie stehen oben, das Textelement im mittleren Bereich und Funktionselemente im unteren Bereich.

Semantische Ebene
Der Eindruck des Layouts ist eher offen und zurückhaltend, erscheint einladend, freundlich und weit. Es wirkt aufgelockert und sachlich, abwechslungsreich und vertraut. Ganz sicher ist es lebendig, etwas beschwingt, aber vielleicht auch etwas konventionell...

Pragmatische Ebene
Zuerst das Bild, aber dann? Die Schaltflächen scheinen wichtig zu sein, aber die Überschrift und der Text kommen wohl zuerst. Lesen. Aha, also das Bild bezieht sich auf den Text. Und die Schaltflächen? Was habe ich hier für Möglichkeiten? Also mal lesen. Hier klicken! Ja, das interessiert mich. Klicken.

zierbar sein sollen. Ein wichtiges gestalterisches Merkmal, das ein Layout zum Interface macht. Ein Layout ist in seiner Aussage immer vielschichtig: Es beinhaltet eine denotative Ebene, welche gegenständlich die Sache beschreibt, sowie eine konnotative Ebene, die sich auf das Assoziationsfeld der Darstellung bezieht. Semiotisch betrachtet – also in Bezug auf die sinnhafte Erfahrung – ergeben sich drei weitere Aspekte: Die syntaktische Ebene definiert die formalen Beziehungen der Layoutbestandteile untereinander, die semantische Ebene vermittelt den Eindruck eines Layouts, und die pragmatische Ebene schließlich umfasst die direkten Handlungen, die sich aus der Auseinandersetzung mit dem Layout ergeben.

Bei der objektiven Betrachtung eines Layouts bieten die semantischen Aspekte den größten Interpretationsspielraum. Zur Messung von Bedeutungen unterschiedlichster Ausdrucksmittel wurde bereits 1957 von den Psychologen Osgood, Suci & Tannenbaum ein «semantisches Differential» entwickelt. Eine Reihe polarisierender Begriffspaare erlaubt die objektive Beurteilung der stark subjektiv geprägten Wahrnehmung eines Layouts. Dies gelingt am besten, wenn bereits vor dem Entwurfsprozess die Intentionen des Layouts mit dem gleichen «semantischen Differential» festgelegt wurden.

	-3	-2	-1	0	1	2	3	
aufregend								entspannend
befreiend								hemmend
beruhigend								beängstigend
einladend								abstoßend
einheitlich								unvorhersehbar
emotional								neutral
nah								fern
freundlich								unfreundlich
schwer								leicht
harmonisch								unausgeglichen
hart								weich
innovativ								konventionell
kalt								warm
lebendig								starr
eintönig								abwechslungsreich
offen								verschlossen
ruhig								lebhaft
lebhaft								organisch
verständlich								unverständlich
bekannt								fremd
zurückhaltend								aufdringlich

Siebenstufiges semantisches Differential

Ein semantisches Differential besteht aus einer Reihe von polarisierenden Begriffspaaren. Meist sind es Adjektive, die einen gegensätzlichen Eindruck beschreiben. Für die Auswahl der Begriffspaare gibt es keine zwingende Vorgabe, ebenso nicht bei deren Anzahl – häufig sind es um die zwanzig; das Original der Erfinder Osgood, Suci & Tannenbaum >1.3.2 kam übrigens mit zwölf aus. Das semantische Differential kann zur objektiven Beurteilung des subjektiven Eindrucks eines vorliegenden Entwurfs eingesetzt werden.

Zur Bestimmung eines semantischen Differentials wird durch mehrere Testpersonen eine Bewertung der Begriffspaare von −3 bis +3 vorgenommen. Das Ergebnis wird mit dem gewünschten Profil abgeglichen. So lassen sich sehr vage Beurteilungen eines visuellen Eindrucks vermeiden und Hinweise auf Differenzen zum gewünschten Ergebnis gewinnen.

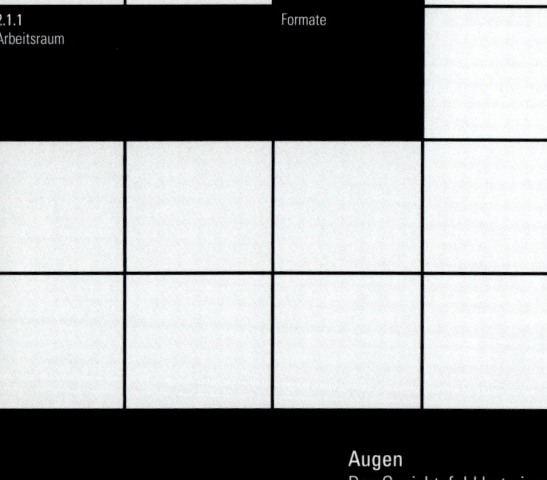

Formate

Die Layoutformate des digitalen Arbeitsraums sind, entsprechend den eingesetzten Displays, meist horizontal ausgerichtet. Diese Form des «Fensters zur digitalen Welt» entspricht dem Gesichtfeld der Anwender, das ebenfalls horizontal ausgerichtet ist, ebenso wie die Seh- und Lesegewohnheiten in den meisten Kulturkreisen. [3.2] Dort hingegen, wo ergonomische Gründe zu einer hochformatigen Ausrichtung der Displays geführt haben, wie bei Handhelds oder Mobiltelefonen, ergeben sich eigenständige Formatreihen.

Augen
Das Gesichtsfeld hat eine horizontale Ausrichtung. Es erfasst einen horizontalen Bereich von 180 Grad und einen vertikalen Bereich von 130 Grad, was einem Verhältnis von 3:2 entspricht. [3.1]

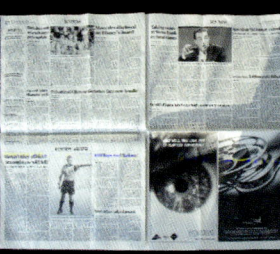

Druckformate
Die Standardisierung von Druckformaten erleichtert die technische Herstellung von Printmedien. Nach DIN lassen sich alle Formate aus einem Grundformat ableiten und weisen zudem immer gleiche Proportionen auf.

Zeitung
Quer, hoch, quer – eine Tageszeitung vom gefalteten Exemplar am Zeitungsstand über die Titelseite zur aufgeschlagenen Doppelseite. Ein Medium hat hier verschiedene Formatvarianten, die auch in der Gestaltung entsprechend behandelt werden.

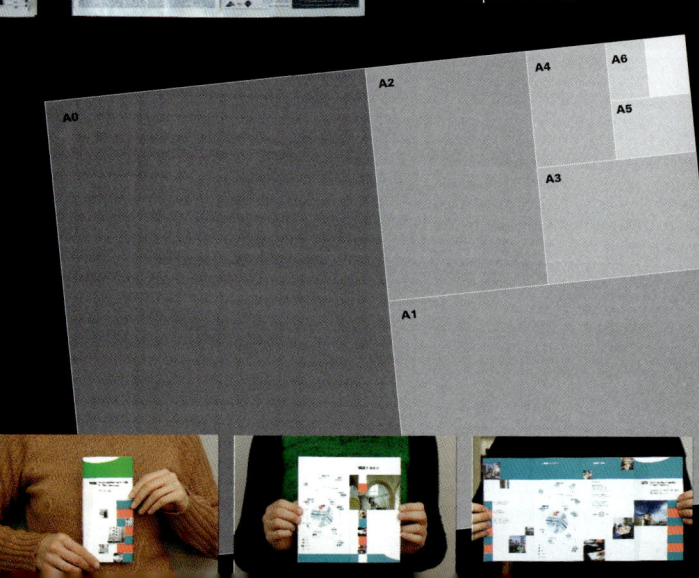

Faltblatt
Klein, praktisch, überraschend. Die «Entfaltungsmöglichkeiten» von Drucksachen erlauben eine vielseitige Gestaltung und Variation der Formate, die aufgrund von Faltung und Bindung auch im wechselnden Kontext immer ihre inhaltliche Zusammengehörigkeit beibehalten.

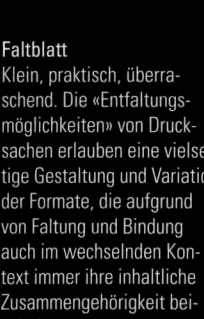

Die horizontale Ausrichtung der Layoutformate innerhalb der Displays ist jedoch keineswegs vorgegeben. Das Arrangement verschiedener Fenster auf der Grundfläche eines Displays ermöglicht eine ebenso große Vielfalt, wie wir sie von den klassischen Medien her kennen, wo sich Format und Ausrichtung an Zweck, Inhalt, Herstellung und Handhabung orientieren. Innerhalb eines Mediums, beispielsweise bei gefalteten Drucksachen, sind sogar Variationen unterschiedlicher Formatlagen möglich, mit entsprechenden Variationen in der Gestaltung des Layouts.

Mehrere, unterschiedlich große Fenster sind zeitgleich darstellbar, ein Display kann jedoch auch vollflächig eingesetzt werden, zum Beispiel wenn es nicht genug Platz für weitere Fenster bietet oder nur eine Anwendung zur Verfügung gestellt werden soll. In diesen Fällen orientiert sich das digitale Layout an den Vorgaben des Displays oder nimmt sogar Eigenschaften des Displays, wie die Proportionen oder die Umrandung aus Kunststoff, auf: Je stärker eine Anwendung auf einen bestimmten Displaytyp ausgelegt ist, desto mehr sollte dieser bei der Gestaltung des Layouts berücksichtigt werden [> 3.1].

Bildröhren

Bereits die ersten Bildröhren (Ferdinand Braun, Manfred von Ardenne) sind in Fernsehgeräten horizontal ausgerichtet, ebenso der Kinofilm – was dem horizontalen Gesichtsfeld entspricht.

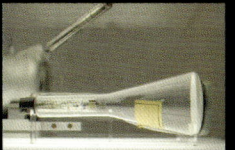

Displayformate

Displayformate und Auflösungen folgen der technischen Entwicklung, und so werden sie immer zahlreicher. Aber zumindest bei den Proportionen (4:3) scheint es eine durchgängige Linie zu geben; Abweichungen bei einzelnen Displaytypen oder Laptops bestätigen einmal mehr die Regel. Ebenso scheint sich bei der Entwicklung von mobilen Medien zumindest eine Proportion (3:4) durchzusetzen. Eines jedoch haben fast alle Displays gemeinsam: die Zahl 8 als den größten gemeinsamen Teiler der Display-Auflösung, sozusagen die universelle Zahl, wenn es um Pixel-Größenangaben in einem digitalen Layout geht.

Monitore

Der vollflächige Einsatz eines Displays ergibt eine horizontale Layoutfläche, das Arbeiten in Fenstern hingegen erlaubt unterschiedliche Ausrichtungen und Größen. Die Aufteilung von Anwendungen in Fenstern ermöglicht die vielschichtige und zeitgleiche Bereitstellung von Informationsquellen und Arbeitswerkzeugen am Computer.

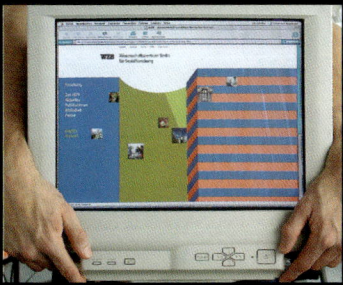

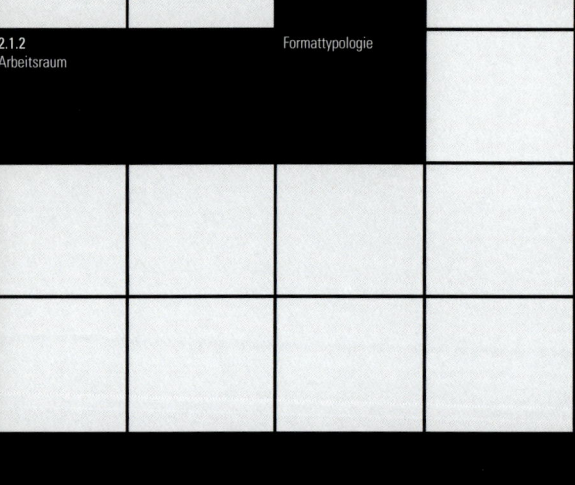

Formattypologie

Die Inhalte einer digitalen Anwendung lassen sich in den Fenstern, der Grundfläche des digitalen Layouts, auf verschiedene Art und Weise organisieren. Die inhaltliche Aufbereitung kann dabei innerhalb einer einzigen Seite innerhalb eines gleichbleibenden Fensters erfolgen, auf mehrere verlinkte Seiten innerhalb eines Fensters aufgeteilt werden oder sogar auf mehrere Seiten in parallel erscheinenden Fenstern verteilt werden. Die Aufteilung innerhalb einer Seite stellt besondere Anforderungen an das Layout, denn meist enthält es mehr Inhalt, als zunächst in dem Fenster sichtbar ist. Hier helfen grafische Orientierungselemente und Gliederungen beim

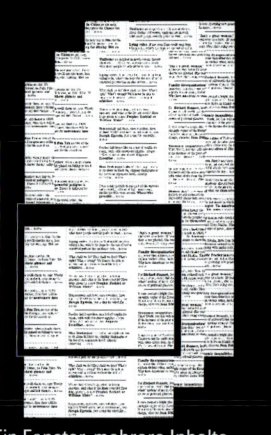

Ein Fenster, ein Inhalt

Wer viel Inhalt anzubieten hat, wird mit diesem Prinzip große Probleme bekommen. Selbst wenn das Scrollen von Inhalten normal ist, führt die Organisation sämtlicher Inhalte in einem Fenster zu großer Unübersichtlichkeit. Sinnvoller ist es, die Inhalte thematisch aufzuteilen und diese den Benutzern in strukturierten Portionen anzubieten.

Ein Fenster, mehrere Inhalte

Der Standard bei der Aufbereitung digitaler Dokumente: Innerhalb eines Fensters werden verschiedene Inhalte verknüpft und durch die Auswahl der Benutzer dargestellt. Ein Fenster definiert den eindeutigen Rahmen, in dem alle Funktionen und Inhalte untergebracht sind.

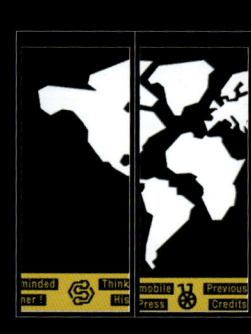

Navigieren durch Scrollen oder Springen. Bei der Aufteilung von Inhalten auf mehrere Seiten, die innerhalb eines Fensters dargestellt werden, sind entsprechende Seitentitel und Kodierungen wichtig. Sie helfen zu erkennen, dass man zwar die Seite, jedoch nicht den Kontext gewechselt hat. Von Usability-Experten nicht sehr geschätzt ist die Aufteilung von Inhalten auf mehrere Fenster. Sie bietet sich vor allem dort an, wo mit den Inhalten ergänzend und modular umgegangen wird; zum Beispiel, wo das Hauptfenster durch weitere, untergeordnete Bestandteile erweitert wird. Die Fenster müssen als zusammengehörig gekennzeichnet werden, denn sie stehen im direkten Wettbewerb mit anderen Fenstern, die weitere Anwendungen enthalten können.

Die verschiedenen Möglichkeiten bei der Formatwahl und Gliederung von Dokumenten erfordern eine Durchgängigkeit der visuellen Sprache. Die einheitliche Festlegung der gestalterischen Elemente und die durchgängige Gliederung sind für den erfolgreichen Einsatz digitaler Anwendungen unerlässlich. Selbst experimentelle Herausforderungen werden ohne visuelle Konsistenz für neugierige Anwender zur Enttäuschung.

Mehrere Fenster, mehrere Inhalte

Hier werden die Inhalte auf mehrere Fenster aufgeteilt, die zeitgleich auf dem Display dargestellt werden. Dieses Prinzip erfordert eine klare Kennzeichnung, welche Fenster zur aktuellen Anwendung gehören.

www.rempe.de
www.nl-design.net/browserday/
Texte, Abbildungen und Navigation werden in verschiedenen Fenstern dargestellt – und stehen in interaktiver Beziehung zueinander; je nach Rubrik und Text werden einzelne Fenster aufgerufen und wieder geschlossen.

Inhalte abseits des Sichtbaren

Dort, wo bei den klassischen Medien das Format zu Ende ist, wird es bei den digitalen Layouts erst richtig spannend. Anders als bei den klassischen Medien kann die Aufbereitung digitaler Inhalte den nicht sichtbaren, virtuellen Raum einschließen. Das Erlernen der Funktionsweise eines Computer-Interface stattet so gut wie jeden Anwender mit Kenntnissen aus, die eine virtuelle Erweiterung des sichtbaren Fensterinhalts erlauben. Scrollen, Bewegen oder Vergrößern – Inhalte am Rand eines Fensters lassen sich auf verschiedenste Art und Weise ins Bild rücken. In der Erwartungshaltung der Anwender bedeutet der Anschnitt im Format eines digitalen Layouts grundsätzlich,

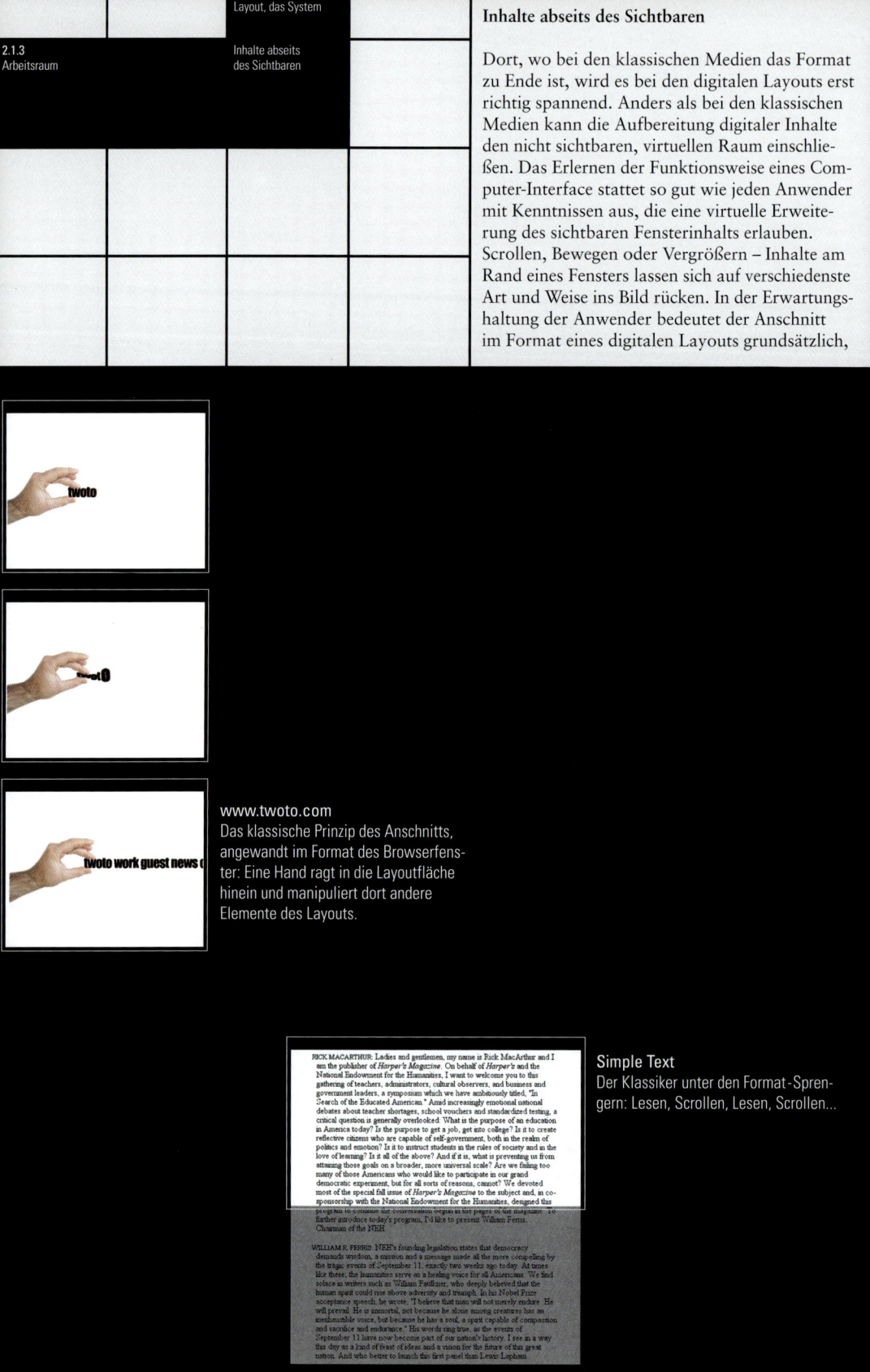

www.twoto.com
Das klassische Prinzip des Anschnitts, angewandt im Format des Browserfenster: Eine Hand ragt in die Layoutfläche hinein und manipuliert dort andere Elemente des Layouts.

Simple Text
Der Klassiker unter den Format-Sprengern: Lesen, Scrollen, Lesen, Scrollen...

dass der Inhalt außerhalb des sichtbaren Bereichs fortgesetzt sein kann; und wenn Hinweise wie Scrollbalken oder eine Hand als Cursor erscheinen, ist das in der Regel auch so. Der Abbruch von Typografie oder ein abgeschnittenes Bild, welches durch Scrollen in das Fenster bewegt wird, kann hingegen zu Irritationen führen.

www.isseymiyake.com

Das Browserfenster als Blickfeld auf ein vielfach größeres Bild. Hier wandert man durch den Ausschnitt auf dem Bildformat hin und her, je nachdem, welche Produktlinie des Designers man sich ansehen möchte. Navigiert wird durch Klicken, worauf sich das Bild nachvollziehbar im Fenster verschiebt und somit eine Orientierung ermöglicht.

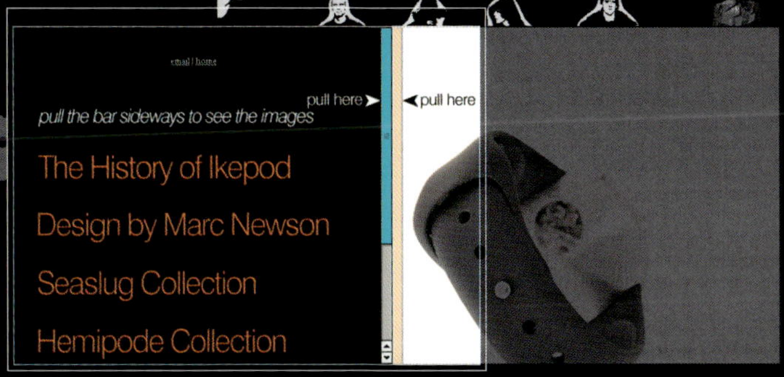

www.ikepod.com

Begrenzungen von Formaten können auch in die Gestaltung des Layouts einbezogen werden – wie bei der Website von IKEPOD. «Pull Here» – eine variable Teilung der Layoutfläche erlaubt das Auf- und Zuziehen von Layoutbereichen innerhalb des Browserfensters.

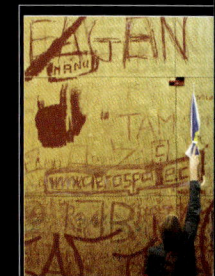

Layouts abseits des Sichtbaren

Das Einbeziehen des Nichtsichtbaren in ein digitales Layout kann nicht nur eine inhaltliche Notwendigkeit sein, sondern auch ein interessantes Gestaltungsmittel. Das Verschieben von Bildschirminhalten wird dabei zu einem einfachen dramaturgischen Mittel, das einen spannungsreichen oder sogar besonders angemessenen Umgang mit Inhalten erlaubt.

Diese Layoutform eignet sich besonders gut für zeitbasierte, synchronoptische Darstellungen oder bei erzählenden Inhalten, wo die Linearität des zeitlichen Ablaufs analog zum sichtbaren Fensterausschnitt steht. Dies setzt allerdings einen entsprechenden Umgang mit dem Layout

www.triquart-partner.de
Einfache Ideen können sehr wirkungsvoll sein – und humorvoll. Diese Reihe von Post-its erklärt, warum sich die Webagentur keine richtige Website leistet. Der horizontale Raum außerhalb des Browsers wurde in das Layout einbezogen, navigiert wird nur durch Scrollen – reicht in diesem Fall auch.

voraus: Navigationshilfen, beispielsweise Sprung-
tasten, und Orientierungshilfen, wie zum Beispiel
Positionsmarken, sind unerlässlich.
Ebenso sollte die Layoutstruktur, zum Beispiel
auf der Grundlage eines fortgesetzten Gestaltungsrasters, auch im «virtuellen» Teil konsistent beibehalten werden. Das Prinzip der virtuellen Fort-
setzung des Layouts sollte eindeutig erkennbar
sein und als einheitliches Konzept der gesamten
Anwendung zugrunde liegen. Ein angeschnittenes
Layout wird dann weniger als unvollständiges
Bild verstanden, sondern eher als Herausforderung an die Vorstellungskraft – eine Methode,
die ganz bewusst mit der Neugier und der Expe-
rimentierfreudigkeit der Benutzer rechnet.

www.madxs.com
Der Designer Erik Adigard testet mit dieser
Website die Grenzen des Machbaren. Die
Site ist mehr als 75000 Pixel lang und er-
schließt sich durch vertikales Scrollen. Bleibt
der Anwender inaktiv, verschiebt sich der
Inhalt selbständig im Browserfenster. Im
Kontrast zu der extremen Größe, die hier nur
als kleiner Ausschnitt gezeigt wird, ist die
Navigation lediglich 40 x 20 Pixel groß.

www.heinlewischerpartner.de
Die Website der Architekten Heinle,
Wischer und Partner folgt einem chronologi-
schen Prinzip. Aktuellere Informationen
bauen sich von links nach rechts auf, es
wird nur horizontal gescrollt. Den Lesefluss
vereinfachen «Jumper», die, der inhaltlichen
Gliederung entsprechend, das Springen
erlauben.

Gestaltungsraster – relativ und absolut betrachtet

Soll das Layout einer digitalen Anwendung auf einer durchgängigen, konsistenten Struktur aufbauen, ist der Einsatz eines Gestaltungsrasters unverzichtbar. Es hilft bei der einheitlichen Gliederung, der Festlegung von Größen und Positionierung sämtlicher Bestandteile der Layoutfläche. Eine ordnende Struktur muss auf den ersten Blick nicht erkennbar sein, und doch wird sie in vielen Fällen die Grundlagen eines Layouts bilden – selbst wenn die Definition dessen, was man als ein Gestaltungsraster bezeichnen kann, sehr unterschiedlich ausfällt. Dies zeigt sich besonders dort, wo es um die beiden grundsätzlich unterschiedlichen Vermaßungssysteme im

www.helmutlang.com
Professionelle Websites, die vollständig auf ein Gestaltungsraster verzichten, findet man selten, und wenn, dann ist das Fehlen eines Gestaltungsrasters oft ein wesentliches Merkmal des Konzeptes. In diesem Fall ordnen sich die Bilder bei jeder Veränderung der Fenstergröße neu – und ergeben, wenn man so will, immer wieder ein neues Raster.

www.sun.com
Die Website von Sun Microsystems ist komplett in relativer Vermaßung aufgebaut und verändert sich mit jeder Vergrößerung und Verkleinerung des Browserfensters. Ebenso haben individuelle Einstellungen der Anwender, wie etwa die Art und Größe der Schrift, direkte Auswirkungen auf das Layout. Eine einheitliche Struktur steht zur Verfügung, wobei sich das Raster teils anpasst, teils unverändert bleibt.

digitalen Layout geht: die relative Vermaßung, bei der alle Maße in Prozenten oder relativen Einheiten angegeben werden, und die absolute Vermaßung, bei der alle Maße in Pixel angegeben werden. Der relativen Vermaßung liegt die Idee zugrunde, dass sich Größen und Positionen immer im Verhältnis zu Fenstergröße, Schriftart und Schriftgröße verändern können und somit je nach Anwendereinstellung immer unterschiedlich ausfallen. Die Idee der absoluten Vermaßung ist schlicht die, dass das Erscheinungsbild eines Layouts auf allen Systemen einheitlich aussieht und eine Einflussnahme durch den Anwender ausgeschlossen wird. Dies ist inzwischen oft zur Grundvoraussetzung für den modularen Aufbau eines Layouts und bei datenbankgestützten

Systemen geworden >22, deren Bestandteile auf der Basis verlässlicher Größen zusammengesetzt werden.

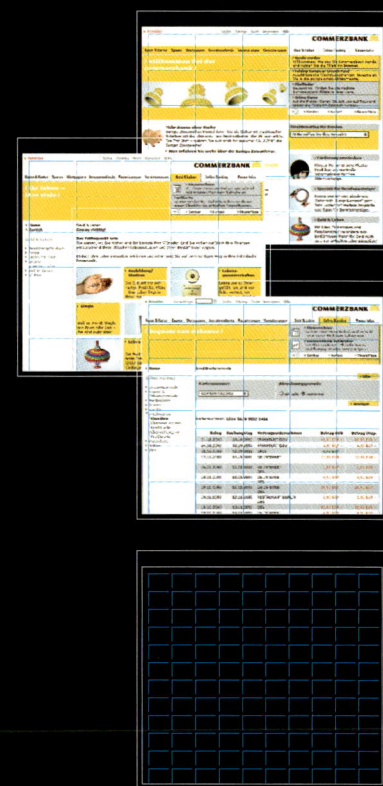

www.cnn.com
Die Website von CNN verfolgt klar das Ziel, auf allen Systemen und überall auf der Welt gleich auszusehen. So ist bei besonders kleinen Browserfenstern auch nur ein Ausschnitt zu sehen, bei besonders großen Fenstern zeigt sich ein leerer Fensterausschnitt. Das Gestaltungsraster entspricht den Achsen, die sich aus den wesentlichen Bestandteilen und Spalten ergeben.

www.commerzbank.de
Auch bei dieser Site wird sichergestellt, dass sie auf allen Systemen gleich erscheint – was besonders beim Online-Banking unerlässlich ist, denn dort werden ständig modulare Elemente aus Datenbanken ausgetauscht, deren Größe festgelegt sein muss. Die modulare Arbeit wird außerdem durch ein Gestaltungsraster erleichtert, das auf der ganzen Layoutfläche mit einheitlichen Units arbeitet.

Strukturierte Flexibilität

Ein konsequent angewandtes Gestaltungsraster bietet immer dann Vorteile, wenn es um das strukturierte Arbeiten am Layout geht – was bei umfangreichen Anwendungen und einem komplexen Aufbau des Interface unerlässlich ist. Nur ein einheitliches Gestaltungsraster garantiert, dass wiederkehrende Fragen in der Gestaltung nicht ständig neu gelöst werden müssen – und so im schlimmsten Fall zu Irritationen bei der Wahrnehmung und Anwendung eines Interface führen. So gesehen sorgt ein Gestaltungsraster für eine Vereinfachung des Entwurfsprozesses und damit auch für eine Vereinfachung des Arbeitsaufwandes.

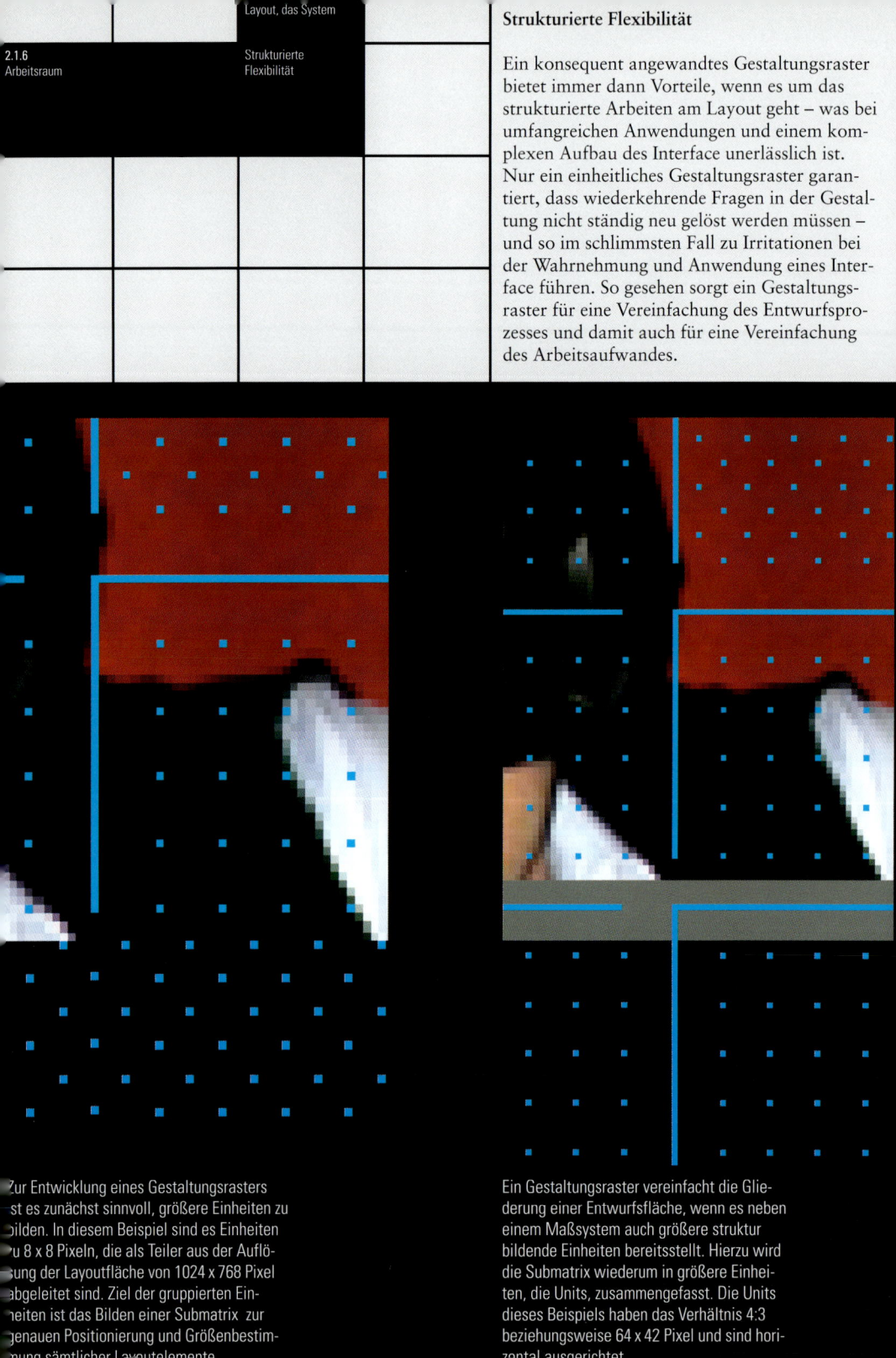

Zur Entwicklung eines Gestaltungsrasters ist es zunächst sinnvoll, größere Einheiten zu bilden. In diesem Beispiel sind es Einheiten zu 8 x 8 Pixeln, die als Teiler aus der Auflösung der Layoutfläche von 1024 x 768 Pixel abgeleitet sind. Ziel der gruppierten Einheiten ist das Bilden einer Submatrix zur genauen Positionierung und Größenbestimmung sämtlicher Layoutelemente.

Ein Gestaltungsraster vereinfacht die Gliederung einer Entwurfsfläche, wenn es neben einem Maßsystem auch größere struktur bildende Einheiten bereitsstellt. Hierzu wird die Submatrix wiederum in größere Einheiten, die Units, zusammengefasst. Die Units dieses Beispiels haben das Verhältnis 4:3 beziehungsweise 64 x 42 Pixel und sind horizontal ausgerichtet.

Nur auf den ersten Blick wirkt ein Gestaltungs-raster einschränkend, denn in der Praxis kann es im Entwurfsprozess viel einschränkender sein, ständig neue Varianten der Layoutstruktur entwerfen zu müssen. Ein Gestaltungsraster, das mit einheitlichen Größen arbeitet, setzt auch die Festlegung eines einheitlichen Maßsystems voraus. Bei einer absoluten Vermaßung beruht das Maßsystem sinnvollerweise auf der kleinsten Einheit des Displays, dem Pixel, oder einer Gruppe von Pixeln. Für eine relative Vermaßung stehen in einigen Programmen zur Entwicklung von Interfaces spezielle Maßsysteme zur Verfü-gung; so zum Beispiel ein Twips, das immer den 9600sten Teil der aktuellen Monitorauflöung darstellt. Andere, vektorbasierte Programme,

wie Flash, erlauben hingegen die Verwendung von Zentimetern oder Inches, da die Layout-fläche in der späteren Anwendung sowieso skaliert werden kann.
Der hier dargestellte Aufbau eines Gestaltungs-rasters beruht auf einer absoluten Vermaßung in Pixeln. Es kann jedoch auch auf andere Maß-einheiten angewandt werden.

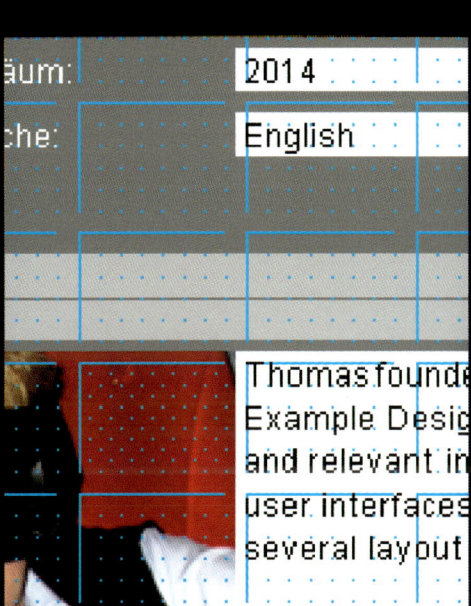

Dieses Beispiel mit eingefügten Textele-menten zeigt, wie auch Schriftgrößen und Zeilenabstände mit einer Submatrix in Ver-bindung stehen können – das Grundprinzip von Gestaltungsrastern in den Printmedien. Diese Übereinstimmung kann vor allem dort von Vorteil sein, wo es um die präzise Positionierung von Textelementen geht, zum Beispiel in digitalen Formularen

Die Units helfen, innerhalb der Layoutfläche konstante Achsen und Positionen festzule-gen. Diese dienen dann dem systematischen Aufbau des Layouts – was nicht immer zwin-gend sein muss, aber vor allem bei modular aufgebauten Anwendungen hilfreich sein kann. Ein System aus Units ist für die Gestaltung weit flexibler, als das Festlegen einzelner Orientierungs- oder Hilfslinien

Gestaltungsraster – Modulariät und mehr

System, System, System – so könnte das Credo
der Gestaltungsraster lauten, und ganz bestimmt
liegt darin ihre besondere Stärke. Dabei ist aber
der systematische Aufbau modularer Interfaces
nur eine Seite der Medaille. Die andere zeigt
sich spätestens dann, wenn ein Layoutkonzept
anwendungs- und medienübergreifend eingesetzt
werden soll. Ein wichtiger Bereich ist hier zum
Beispiel das Corporate Design einer Institution,
das auf unterschiedliche Medien angewandt wird:
Websites, Intranetanwendungen, Datenbanken,
CD-ROMs oder computerbasierte Trainings-
programme, Drucksachen verschiedenster Art
und einiges mehr. Idealerweise sollten zumindest

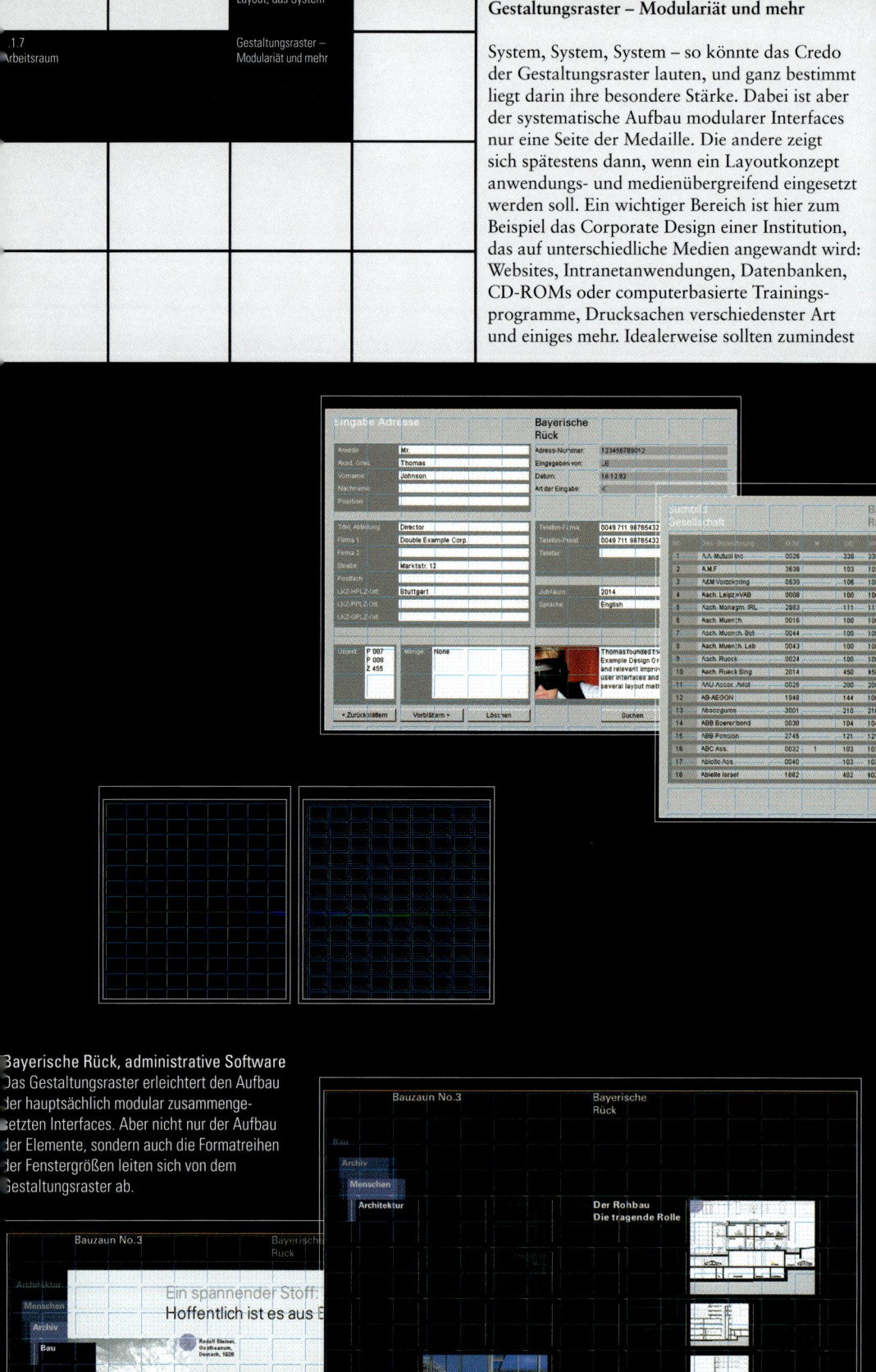

Bayerische Rück, administrative Software
Das Gestaltungsraster erleichtert den Aufbau
der hauptsächlich modular zusammenge-
setzten Interfaces. Aber nicht nur der Aufbau
der Elemente, sondern auch die Formatreihen
der Fenstergrößen leiten sich von dem
Gestaltungsraster ab.

zwischen den digitalen Anwendungen einheitliche Gestaltungsgrundlagen bestehen, aber
noch besser ist es, wenn es auch medienübergreifende Richtlinien zu den klassischen Medien
gibt. Durchgängigkeit ist auch unter Usability-
Aspekten eine zentrale Anforderung. Denn dort,
wo digitale Medien verstärkt zum Einsatz kommen, erleichtert ein durchgängiger Aufbau der
Interfaces den Anwendern die Orientierung und
den Umgang mit diesen. Hierzu ist es gar nicht
notwendig, dass digitale Layouts durchgängig
gleich gestaltet sind; einige Grundregeln im Bezug auf Größen und Positionen reichen oft aus,
um verschiedenen Anwendungen ein vertrautes
«Look & Feel» zu geben.

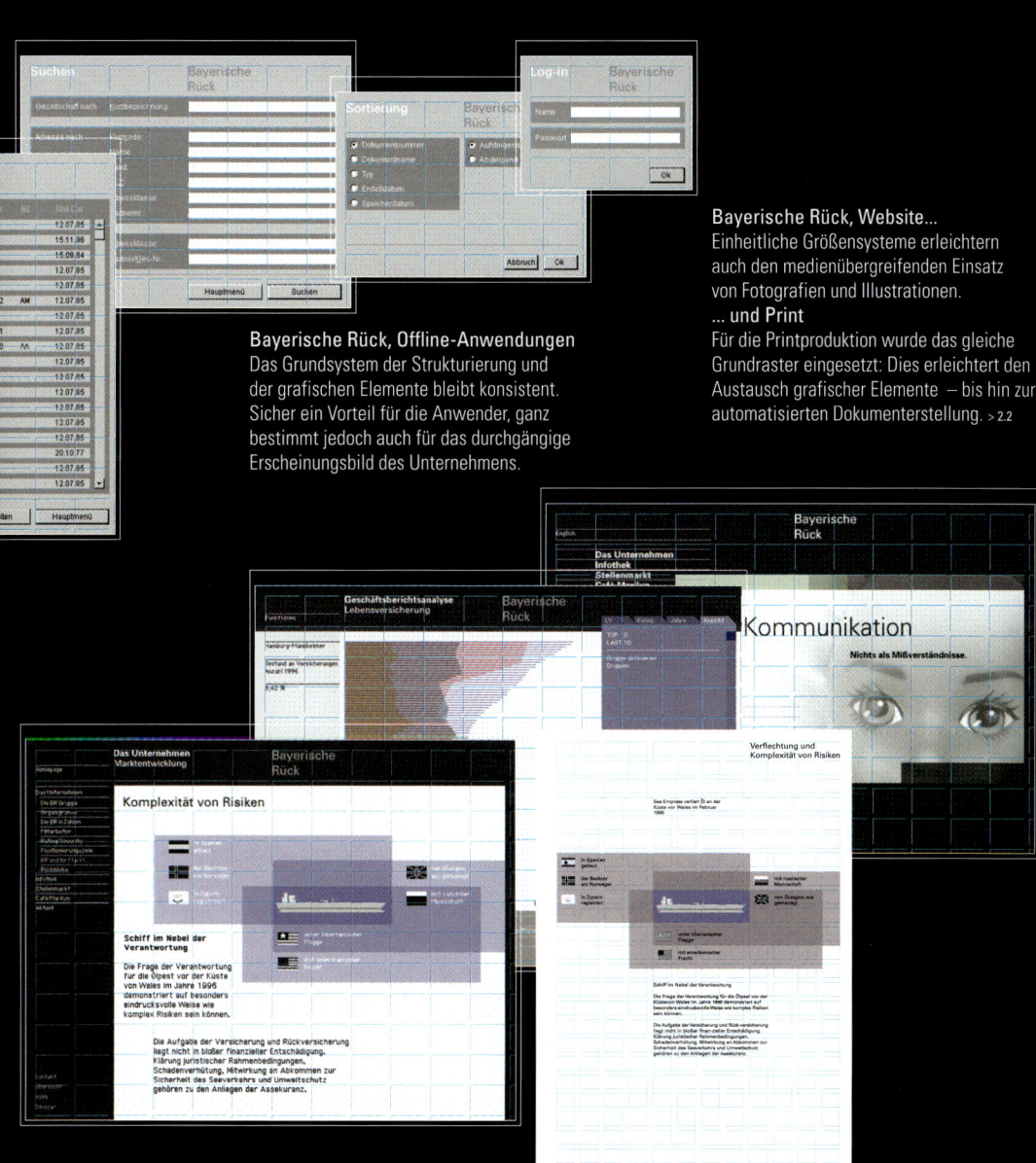

Bayerische Rück, Offline-Anwendungen
Das Grundsystem der Strukturierung und
der grafischen Elemente bleibt konsistent.
Sicher ein Vorteil für die Anwender, ganz
bestimmt jedoch auch für das durchgängige
Erscheinungsbild des Unternehmens.

Bayerische Rück, Website...
Einheitliche Größensysteme erleichtern
auch den medienübergreifenden Einsatz
von Fotografien und Illustrationen.
... und Print
Für die Printproduktion wurde das gleiche
Grundraster eingesetzt: Dies erleichtert den
Austausch grafischer Elemente – bis hin zur
automatisierten Dokumenterstellung. > 2.2

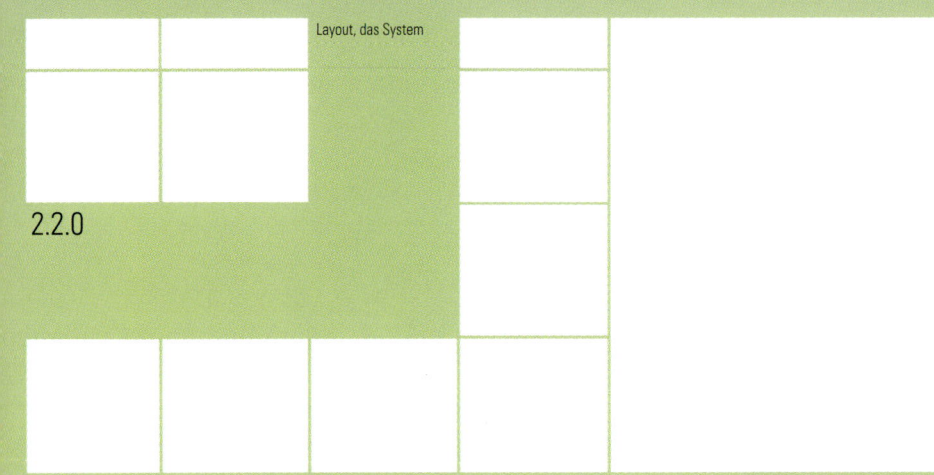

2.2.0

«Ordnung ist heutzutage meistens dort,
wo nichts ist. Es ist eine Mangelware.»
Bertolt Brecht

Topologie

Der Begriff Topologie bezeichnet die flächen-
mäßige Gliederung der Bestandteile eines digitalen Layouts. Kennzeichnende Elemente wie
der Titel, Interaktionselemente wie die Navigation und Inhalte wie Texte und Bilder sind die
wichtigsten Grundbestandteile einer Topologie.
Ihre Position und Größe wird im Layout über
mehrere Seiten hinweg nach einem einheitlichen
System festgelegt. Das ist für das konsistente
Erscheinungsbild einer digitalen Anwendung von
entscheidender Bedeutung, denn es macht eine
Anwendung identifizierbar, hilft bei der Unterscheidung von Informations- und Interaktionsele-
menten und ermöglicht die schnelle Orientierung.

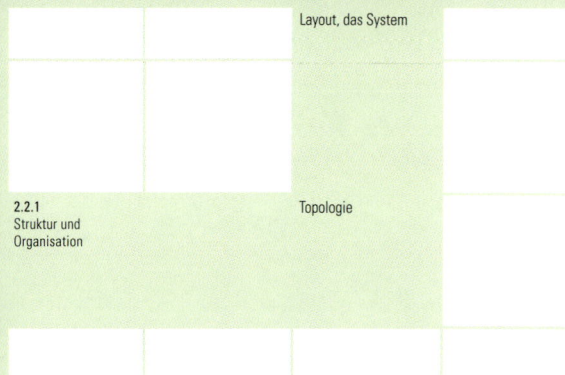

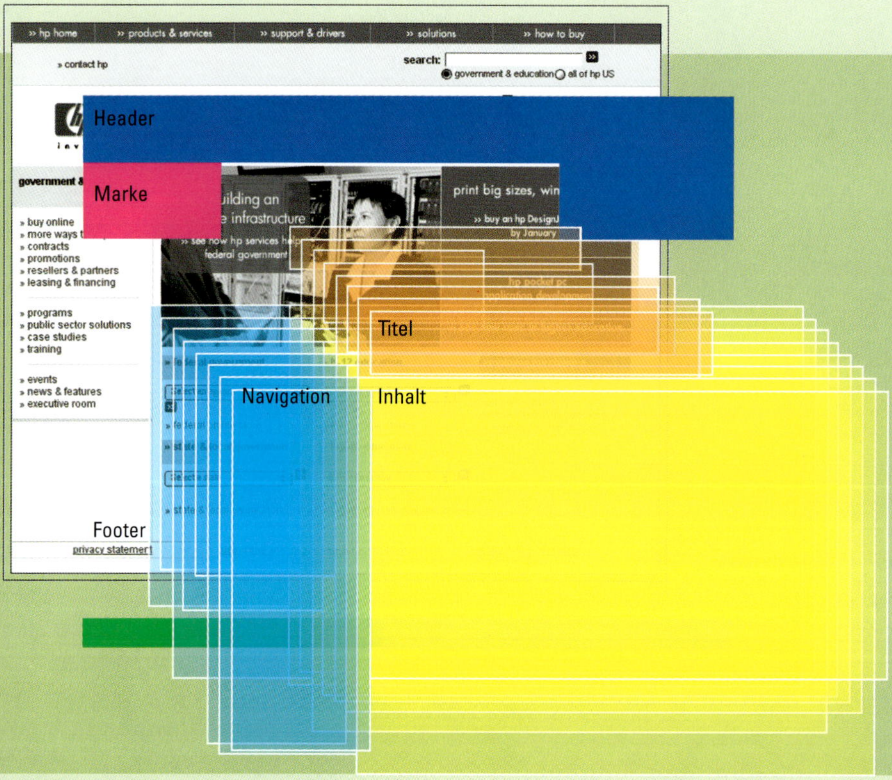

Standardelemente,
Standardtopologie – eine Übersicht

Viele Websites basieren in ihrem topologischen Aufbau auf weit verbreiteten Standards, sei es in der Festlegung ihrer Grundbestandteile oder bei der Positionierung dieser Teile auf der Layoutfläche. Bei diesem
Beispiel sind die statischen Interaktionselemente (dunkelblau) am oberen Rand und
die dynamischen Navigationselemente (blau)
am linken Rand des Layouts platziert. Das
Markenzeichen des Absenders (rot) und der
Seitentitel (orange) befinden sich ebenfalls
im oberen Teil, wodurch gewährleistet

werden soll, dass die Seite auch bei kleinen
Browserfenstern noch identifiziert werden
kann. Der eigentliche Inhalt (gelb) nimmt
den größten Teil in der Mitte ein, wobei dieser mit der Größe des Fensters nach rechts
angepasst werden kann. Am Fuß findet sich
der «Footer» (grün), der oft rechtliche oder
allgemeine Hinweise zu den angebotenen
Informationen enthält. So oder so ähnlich
werden inzwischen viele Topologien aufgebaut, was dieser Struktur fast schon die
Qualitäten eines Standards verleiht und ihr

zumindest unter Usability-Aspekten hohe
Popularität verschafft. An dieser Standard-
Topologie lässt sich jedoch auch sehr gut
zeigen, dass sie aus statischen und dynamischen Elementen besteht. Besonders die
Bereiche für Seitentitel, Navigation und Inhalt verändern sich kontinuierlich in Umfang und Größe, andere Elemente hingegen
bleiben unverändert. Diese Dynamik sollte
bei der Planung eines Topologiesystems
durch entsprechend flexible Bereiche
berücksichtigt werden.

Eine gute Topologie löst diese Aufgaben unmissverständlich, ohne dabei zu einem starren Korsett zu werden. Ein durchdachtes Konzept und eine tragende Idee können dabei viel entscheidender sein als das akribische Einhalten von Maßen. Viele Topologien basieren auf konventionellen Formen, die sich mit der Entwicklung der digitalen Medien etabliert haben. Dies bringt sicher einige Usability-Vorteile, bewirkt jedoch auch leicht ein uniformes Erscheinungsbild im Layout: Titel oben, Navigation links, Content in der Mitte.

Wer dies vermeiden möchte, der sollte den Ausbruch aus konventionellen Mustern wagen und auf anderem Wege für hohe Benutzerfreundlichkeit sorgen: mit einem schlüssigen Konzept, das auf seine möglichen unterschiedlichen Anwendungsformen innerhalb der Site-Architektur hin überprüft wurde. Selbst wenn Ordnung und Struktur des Layouts und die Entwicklung einer Topologie zunächst als theoretische Fragestellung erscheinen, so sind sie in jedem Fall nicht abstrakt lösbar. Sie sind Bestandteile des Gestaltungsprozesses und sollten auch entsprechend den Inhalten und der visuellen Sprache aufgebaut werden.

Wiederholung des Hintergrundbildes
Ein Anblick, an den wir uns inzwischen gewöhnt haben – der Durchschnitt aus fünfzig übereinander gelegten Website-Topologien ergibt das Bild einer ganz und gar durchschnittlichen Topologie. Tatsache ist, dass eine große Zahl von digitalen Layouts auf Merkmale einer Standardtopologie vertrauen, wie sie auf der linken Seite zu sehen ist. Vertrautheit kann unter Usability-Aspekten die Dinge vereinfachen – aber auch die Entwicklung eines eigenständigen Erscheinungsbildes im Layout erschweren.

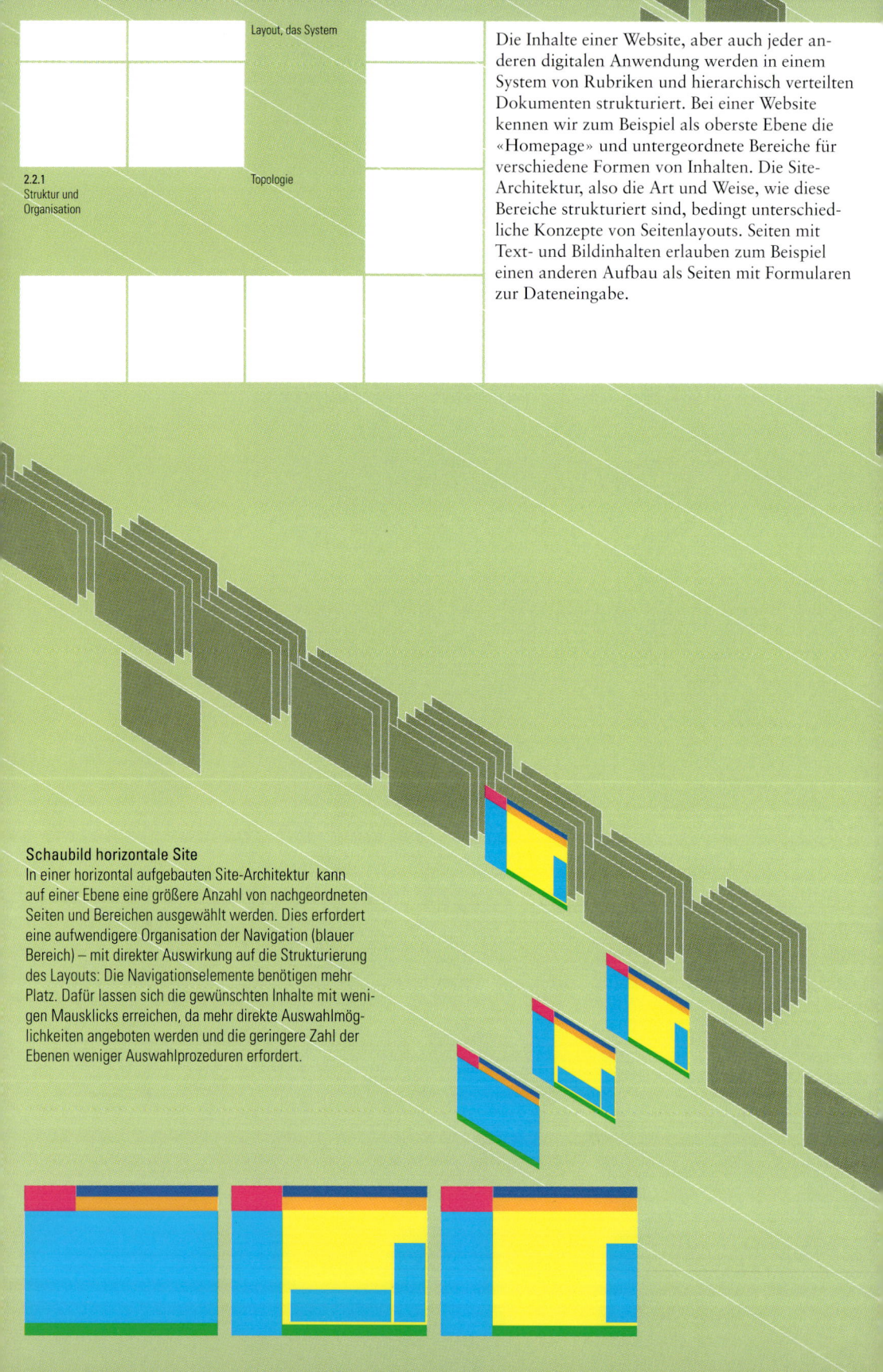

Layout, das System

Die Inhalte einer Website, aber auch jeder anderen digitalen Anwendung werden in einem System von Rubriken und hierarchisch verteilten Dokumenten strukturiert. Bei einer Website kennen wir zum Beispiel als oberste Ebene die «Homepage» und untergeordnete Bereiche für verschiedene Formen von Inhalten. Die Site-Architektur, also die Art und Weise, wie diese Bereiche strukturiert sind, bedingt unterschiedliche Konzepte von Seitenlayouts. Seiten mit Text- und Bildinhalten erlauben zum Beispiel einen anderen Aufbau als Seiten mit Formularen zur Dateneingabe.

Schaubild horizontale Site

In einer horizontal aufgebauten Site-Architektur kann auf einer Ebene eine größere Anzahl von nachgeordneten Seiten und Bereichen ausgewählt werden. Dies erfordert eine aufwendigere Organisation der Navigation (blauer Bereich) – mit direkter Auswirkung auf die Strukturierung des Layouts: Die Navigationselemente benötigen mehr Platz. Dafür lassen sich die gewünschten Inhalte mit wenigen Mausklicks erreichen, da mehr direkte Auswahlmöglichkeiten angeboten werden und die geringere Zahl der Ebenen weniger Auswahlprozeduren erfordert.

Die Grundlage für die Strukturierung eines Layouts bildet ein System von Topologien: die Aufteilung eines Layouts in Bereiche, die bestimmten Bestandteilen und Funktionen vorbehalten sind, wie zum Beispiel Kennzeichnungen, Navigation oder Inhalt. Innerhalb einer Site-Architektur gibt es immer ein Set von verschiedenen Topologien, die auf die besonderen Eigenschaften der inhaltlichen Bestandteile abgestimmt sind. Um eine digitale Anwendung für die Benutzer nachvollziehbar zu gestalten, ist es hilfreich, die Arbeit an den Layouts mit den besonderen Merkmalen einer Site-Architektur abzustimmen und dafür zu sorgen, dass es innerhalb der Topologien zu keinen logischen Brüchen kommt.

Für diesen konzeptionellen Arbeitsschritt im Layout ist die Visualisierung einer Site-Architektur in einer Übersicht, der Sitemap, unverzichtbar. Nur sie ermöglicht einen Überblick, macht die Bestandteile in ihren Zusammenhängen sichtbar und bildet die Grundlage für die exemplarische Entwicklung der Layouts einzelner Seitentypen. Eine Sitemap zeigt, an welchen Stellen besondere Layouttypen erforderlich sind: weil besonders viele oder besonders wenige Navigationspunkte aufgenommen werden müssen, weil die Titel wichtig oder aber verzichtbar sind, weil Eingabeformulare anders gestaltet werden als Lesetexte – um nur einige Beispiele zu nennen.

Schaubild vertikale Site
In einer vertikalen Site-Architektur sind die Inhalte über mehrere Ebenen in die Tiefe aufgeteilt. Die Seiten beinhalten daher weniger Navigationselemente, dafür muss vom Nutzer häufiger selektiert werden, um an eine bestimmte Information zu gelangen. Aufgrund dieser Site-Architektur wirken die Layouts oft übersichtlicher, und der Schwerpunkt liegt eher auf den Inhaltsbereichen (gelbe Fläche) — und das hat direkte Konsequenzen für die Entwicklung des Topologie-Konzeptes.

Topologie – die Außensicht

Der Aufbau einer Topologie berücksichtigt idealerweise in erster Linie inhaltliche und formale Eigenschaften, die entsprechend der Zielsetzung eines Mediums ein charakteristisches Erscheinungsbild vermitteln. Die Berücksichtigung möglicher technischer Einschränkungen ist dabei wichtig, sollte sich aber nicht unbedingt am außergewöhnlichsten Fall orientieren. Die Sorge vor niedrigsten Monitorauflösungen und allerkleinsten Browserfenstern hat schon manche gute Idee im Keim erstickt, ohne dass dies zum Zeitpunkt ihrer Verwirklichung überhaupt (noch) notwendig gewesen wäre.

Formale Vorgabe: Wiedererkennbarkeit
www.nytimes.com
Die «New York Times» bewahrt sich ihr ehrwürdiges und vertrautes Erscheinungsbild auch im Internet. Die Topologie der Website entspricht weitestgehend der gedruckten Fassung.

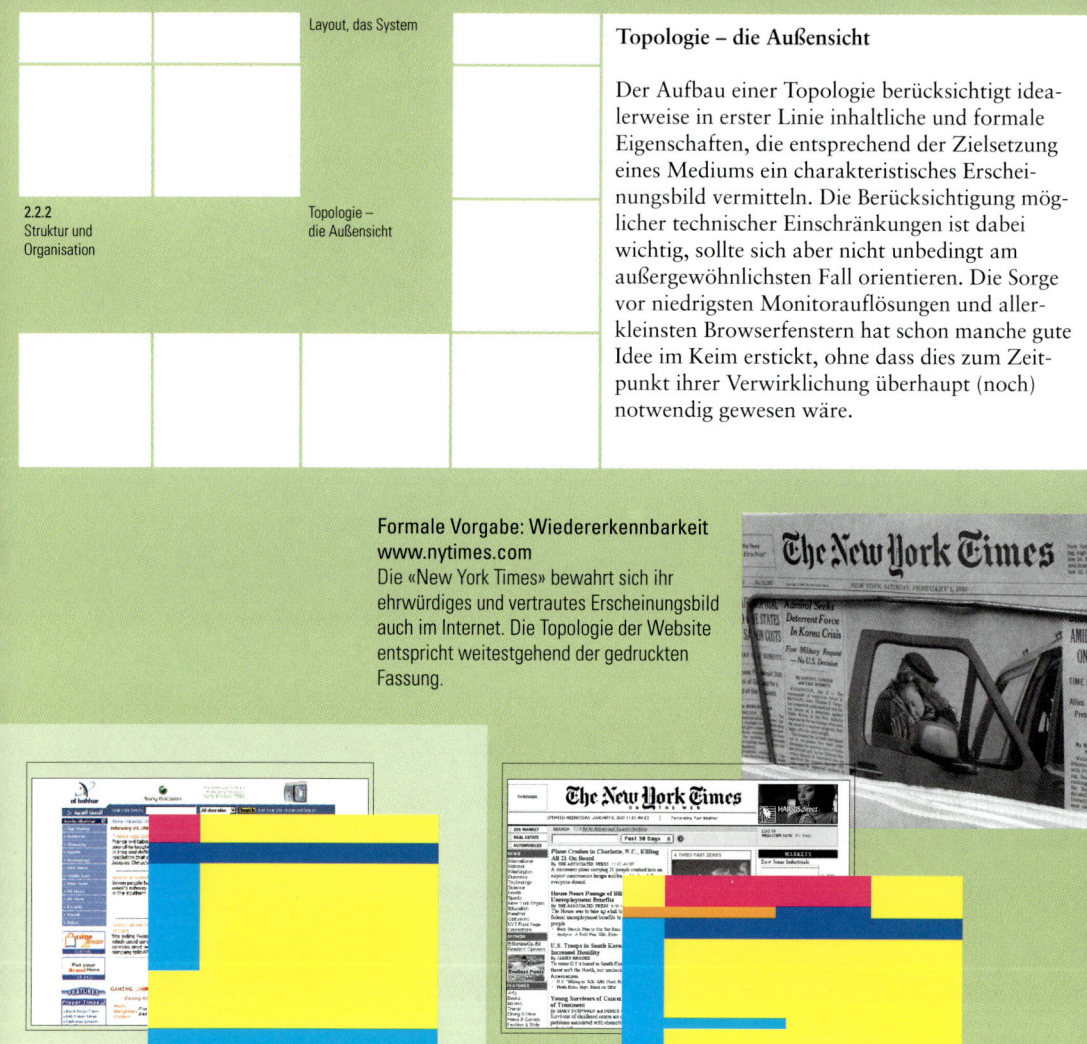

Leserichtungen
www.albahhar.com
Von links nach rechts oder von rechts nach links lesen. Die Leserichtung kann die topologische Ordnung in begrenzten Anwendungen beeinflussen – selbst wenn der Inhalt identisch ist.

Lesegewohnheiten
www.oebb.at
Das Lesen von Fahrplänen erfolgt in standardisierten Formen; chronologisch von oben nach unten und von links nach rechts. Die Fahrplanauskunft der Österreichischen Bundesbahnen vertraut bei der topologischen Ordnung ihrer Online-Auskunft auf eine direkte Adaption ihres realen, gedruckten Fahrplans.

Inhaltliche oder sogar stilistische Vorgaben können für die Konzeption einer Topologie hingegen
von sehr grundsätzlicher Bedeutung sein und
überdauern meistens den kontinuierlichen tech-
nologischen Wandel. Die Anforderungen sind
so unterschiedlich wie ihre Anwendungsgebiete:
Eine Website zu Imagezwecken wird sich mehr
an repräsentativen Vorgaben orientieren als das
digitale Vorlesungsverzeichnis einer Universität,
die Online-Version eines etablierten Magazins
knüpft an die Topologie des Layouts andere
Voraussetzungen als ein neu gegründeter Online-
Shop. Auch formale Vorgaben aus anderen Me-
dienbereichen können wichtige Gründe für die
Anpassung einer topologischen Gliederung sein.

Die Wiedererkennbarkeit einer Tageszeitung
im Web oder das Lesen eines Zugfahrplans sind
Beispiele, deren «visuelle Erfahrungen» in die
Ordnung eines Layouts einfließen können [1.2].

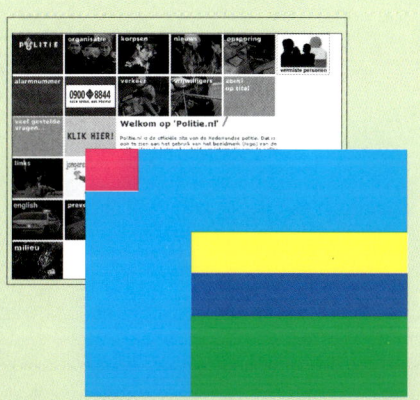
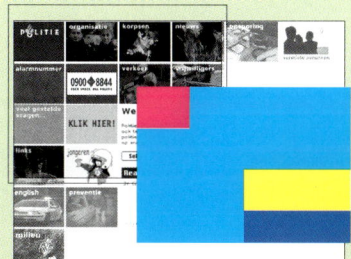

www.politie.nl
Technische Vorgabe: die Identifikation einer
Site bei kleinsten Fenstergrößen. Aber Vorsicht! Der kleinste gemeinsame Nenner bietet
oft auch den kleinstmöglichen Spielraum.

Ordnende Strukturen können von zusammen-
hängenden Strukturen abweichen. Was sehr
spannend ist, wenn sie gemäß unterschiedlichen Kriterien strukturiert werden.

Sascha Kempe, Student an der International
School of Design in Köln, demonstriert
dies in seinem Projekt «HYPER FICTION»,
einer visuellen und interaktiven Darstellung
des Plots von «Pulp Fiction». Inhalte werden
zu navigierenden Strukturen, wenn die

chronologische Erzählebene abfällt und
gleichzeitig zum Interface wird – hier dargestellt in der Inhaltsübersicht. Auf diesem
Weg können sich übliche Elemente in einer
ordnenden Struktur auflösen.

Layout, das System

2.2.3
Struktur und
Organisation

Topologie –
die Innensicht

Topologie – die Innensicht

Sobald eine digitale Anwendung über mehrere Bildschirmseiten aufgeteilt ist, helfen die ordnenden Eigenschaften einer Topologie beim konsistenten Aufbau der verschiedenen Seitentypen. Flexibilität wird nun entscheidend: Titel können unterschiedliche Größen erhalten, Navigationselemente ihren Umfang ändern, Inhalte variieren in ihrer Art. Ganze Teile einer Topologie können wegfallen, neue hinzukommen. Das Konzept einer Topologie beschränkt sich deshalb nie auf nur einen Seitentyp, sondern wird immer an verschiedenen Anwendungsfällen erprobt – denn das charakteristische Erscheinungsbild eines Layouts sollte trotzdem erhalten bleiben.

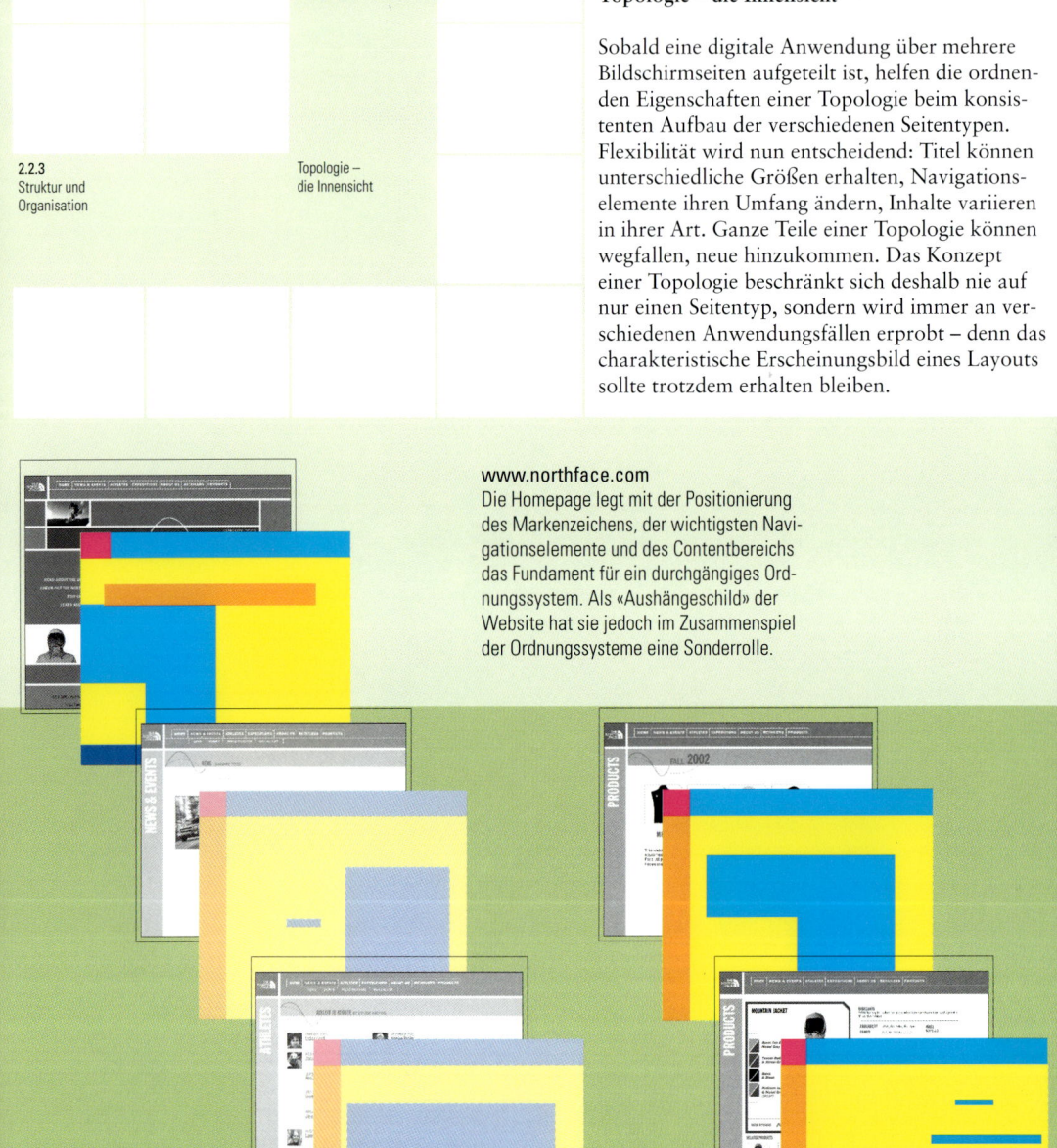

www.northface.com
Die Homepage legt mit der Positionierung des Markenzeichens, der wichtigsten Navigationselemente und des Contentbereichs das Fundament für ein durchgängiges Ordnungssystem. Als «Aushängeschild» der Website hat sie jedoch im Zusammenspiel der Ordnungssysteme eine Sonderrolle.

Auf einer ergänzenden Ebene werden Produkte im Detail vorgestellt oder Texte angeboten. Diese erscheinen in zusätzlichen Fenstern, die dem Hauptfenster zugeordnet sind. Der Kontext erlaubt es, dass auf einzelne Bestandteile der Topologie weitestgehend verzichtet werden kann: Selbst die Größe der Fenster variiert. Kein Problem, solange das Funktionsprinzip der Site durch eine einheitliche Ordnungsstruktur im Layoutkonzept gewährleistet ist.

Von links nach rechts und von oben nach unten sind wichtige Ordnungsprinzipien zur hierarchischen Gliederung eines digitalen Layouts – aber nicht die einzigen. Die Lagerelationen sind durchaus flexibel, wenn sie etwa durch Größe oder Helligkeit entsprechend hervorgehoben oder abgeschwächt werden. Eine Topologie kann also auch «auf den Kopf gestellt» werden, wenn sie trotzdem ein klares, hierarchisches Ordnungsprinzip bietet. Selbst die Positionen der einzelnen Grundbestandteile einer Topologie können sich von Seitentyp zu Seitentyp verändern oder nur jeweils dem Kontext entsprechend zur Verfügung gestellt werden.

Der Aufbau einer Topologie innerhalb eines Systems ist also keineswegs zwingend an einen starren Aufbau gebunden, sondern ist das Ergebnis eines logischen und eindeutigen Konzeptes.

Die Gruppe der Content-Seiten ist weitestgehend identisch aufgebaut, einzig die Navigationselemente innerhalb der Inhaltsbereiche variieren. Auf diesen Ebenen erwartet der Benutzer ein durchgängiges System, das die Anwendung und Orientierung erleichtert.

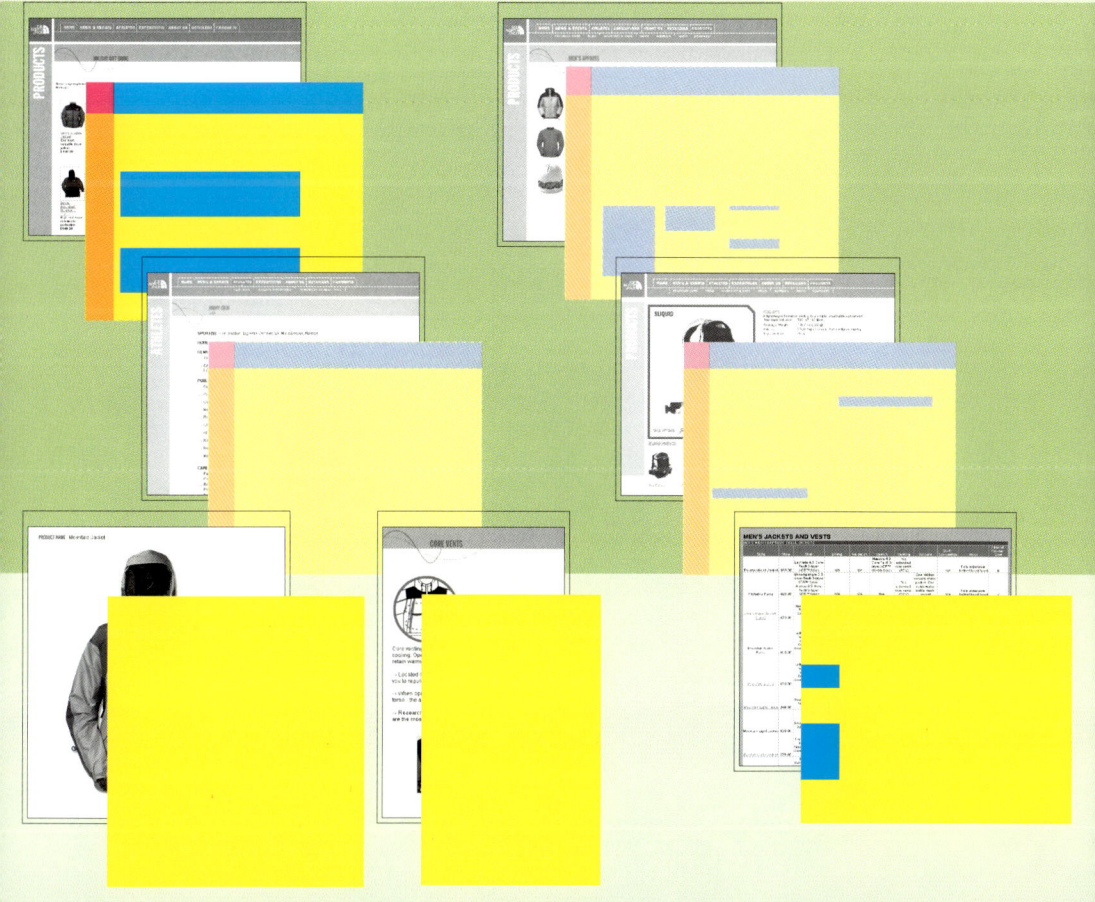

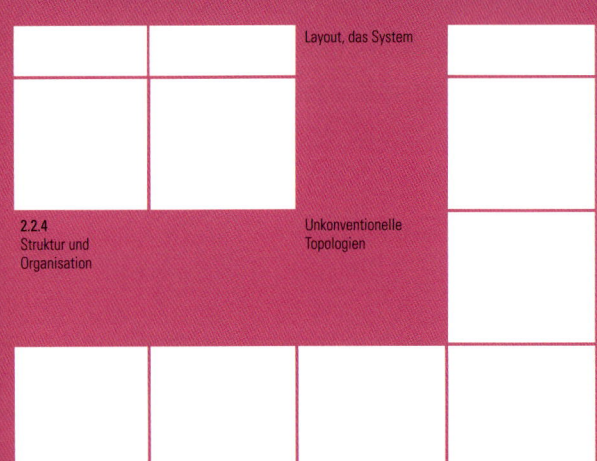

Layout, das System

2.2.4
Struktur und
Organisation

Unkonventionelle
Topologien

Unkonventionelle Topologien

Topologische Regeln und ihre Wiederholung
sind nicht die einzigen Faktoren, die aus einem
Layout ein durchschaubares System machen.
Das Funktionsprinzip eines Layouts kann verständlich sein, obwohl die Regeln der Topologie
laufend geändert werden und Wiederholungen
so gut wie nie vorkommen. Bei diesen «unkon-
ventionellen» Topologien ergibt sich der Sinn
und Zweck der einzelnen Bestandteile des Layouts aus dem jeweiligen Kontext; sie übernehmen
je nach Umfeld zum Beispiel eine kennzeichnende, steuernde oder informierende Funktion.

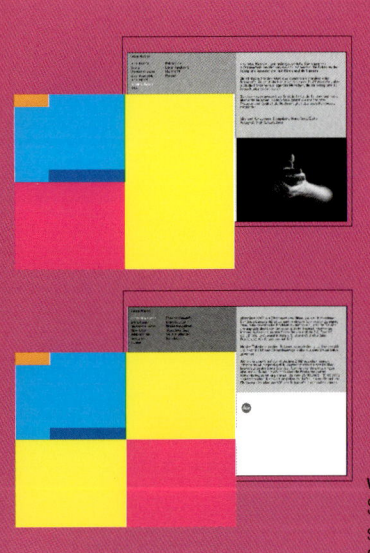

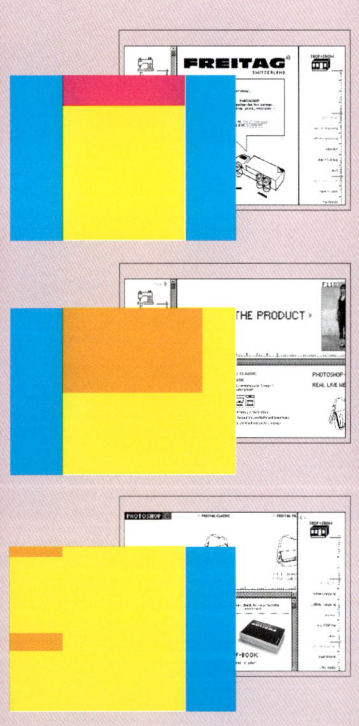

www.leica.com
Sieht konsequent und ordentlich aus, ist
sie aber nicht: Innerhalb der rechteckigen
Seitenaufteilung wechseln die Positionen
des Logos und des Inhaltsbereiches. Die
Bereiche der Funktionselemente und Kennzeichnungen bleiben hingegen konstant.
Dadurch entsteht ein klar gegliedertes und
gleichzeitig dynamisches Erscheinungsbild.

www.bang-olufsen.com
Diese Website orientiert sich eindeutig
an der klaren Formensprache, wie man sie
von den Produkten her kennt – ohne sich
jedoch auf einen schematischen Aufbau
zu beschränken.

www.freitag.ch
Das Einzige, was hier festzustehen scheint,
ist eine Aufteilung in drei Spalten. Ansons-
ten wechseln die unterschiedlichen Elemente ihre Position und Funktion mindestens
genauso oft, wie sie in Erscheinung treten.
Ein Konzept, dessen besonderes Merkmal
die Offenheit ist.

In diesen Fällen erfolgt die Aufbereitung der Layouts meistens seitenweise und jeweils auf den Kontext hin angepasst. Eine automatische Generierung und standardisierte Pflege der Seiten ist kaum oder gar nicht möglich – und meistens auch gar nicht beabsichtigt, denn ihr Zweck besteht im Wesentlichen darin, möglichst eigenständige und persönliche Erfahrungen der Anwender herbeizuführen. Darf man das? Ja, man sollte sogar! Denn die Ausbrüche aus den konventionellen Standards machen die Welt der digitalen Medien spannender und abwechslungsreicher. Der Wunsch nach «pflegeleichten» digitalen Dokumenten – weitestgehend nach einem standardisierten Schema aufgebaut und für jeden sofort bedienbar – ist ein verständliches Anliegen, das aber keinesfalls zur sinnfremden Medienproduktion verleiten sollte. Benutzer schätzen Angebote, die ihnen die Inhalte auf ansprechende und inspirierende Art zur Verfügung stellen, und deren Ordnungssystematik nicht die dominierende Rolle übernimmt. Es gilt also die Balance zu halten: Der gezielte Regelverstoß kann unter Umständen ein sonst sinnvoll standardisiertes System erfrischend beleben.

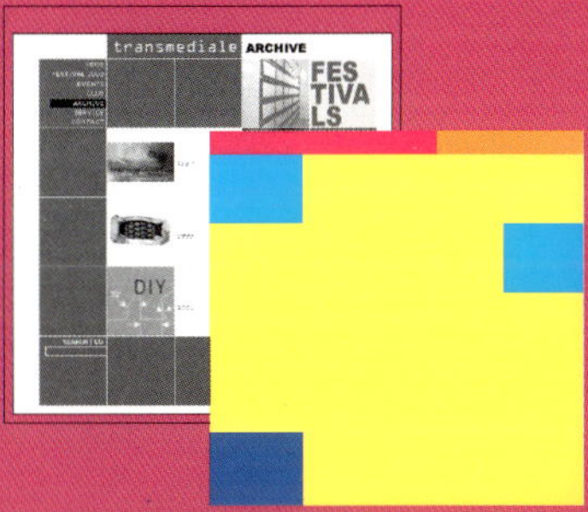

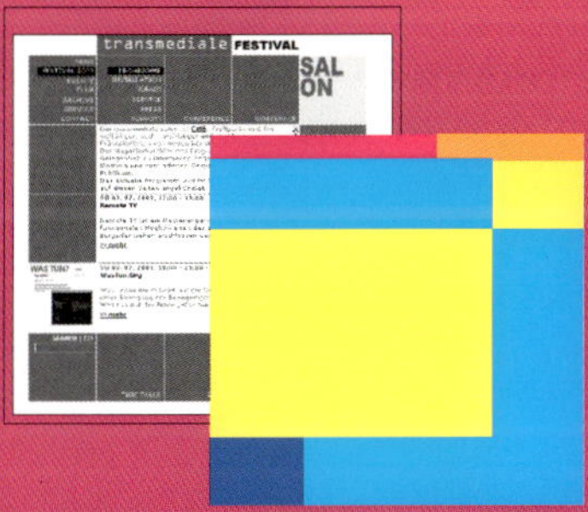

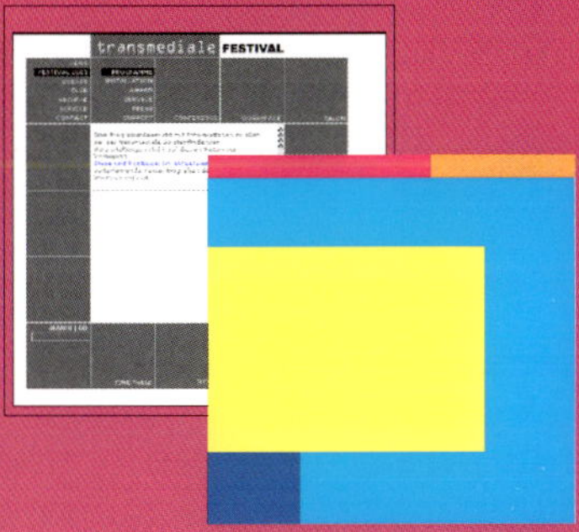

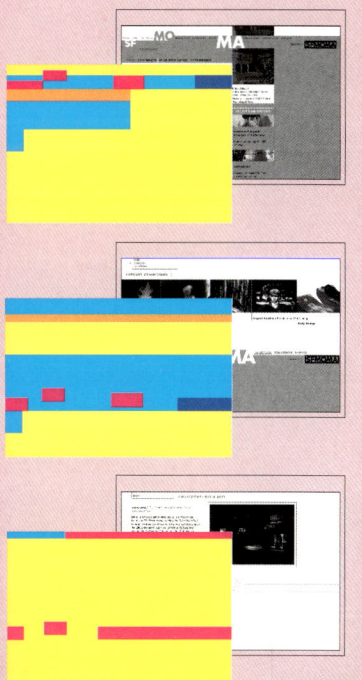

www.transmediale.de
Dieser Website liegt zwar eine durchgängige Topologie zugrunde. Ungewöhnlich ist hier jedoch die Ausdehnung der Navigation und die wechselnde Belegung der Inhalts- und Navigationsbereiche.

www.sfmoma.org
Je nach Inhalt und Themenbereich variieren hier sämtliche Bestandteile der Site und werden in immer neuen Kombinationen zusammengesetzt.

Layout, das System

2.2.5
Struktur und
Organisation

Struktur, Inhalt
und Organisation

Struktur, Inhalt und Organisation

Dynamische Medien, die umfangreiche Inhalte bereitstellen, werden oft aus Datenbanken heraus generiert. Dabei werden die Inhalte zunächst in einem vom Layout unabhängigen Format in der Datenbank gespeichert. Erst die Verknüpfung mit Formatvorlagen, zum Beispiel durch die Dokumenten-Beschreibungssprache XML, lässt daraus ein elektronisches Dokument werden. Diese Trennung von Inhalt und Form birgt im Wesentlichen zwei Vorteile: Zum einen können die Inhalte, meistens Texte und Bilder, dynamisch und unabhängig von ihrer späteren Verwendung bearbeitet werden, zum anderen kann ein und

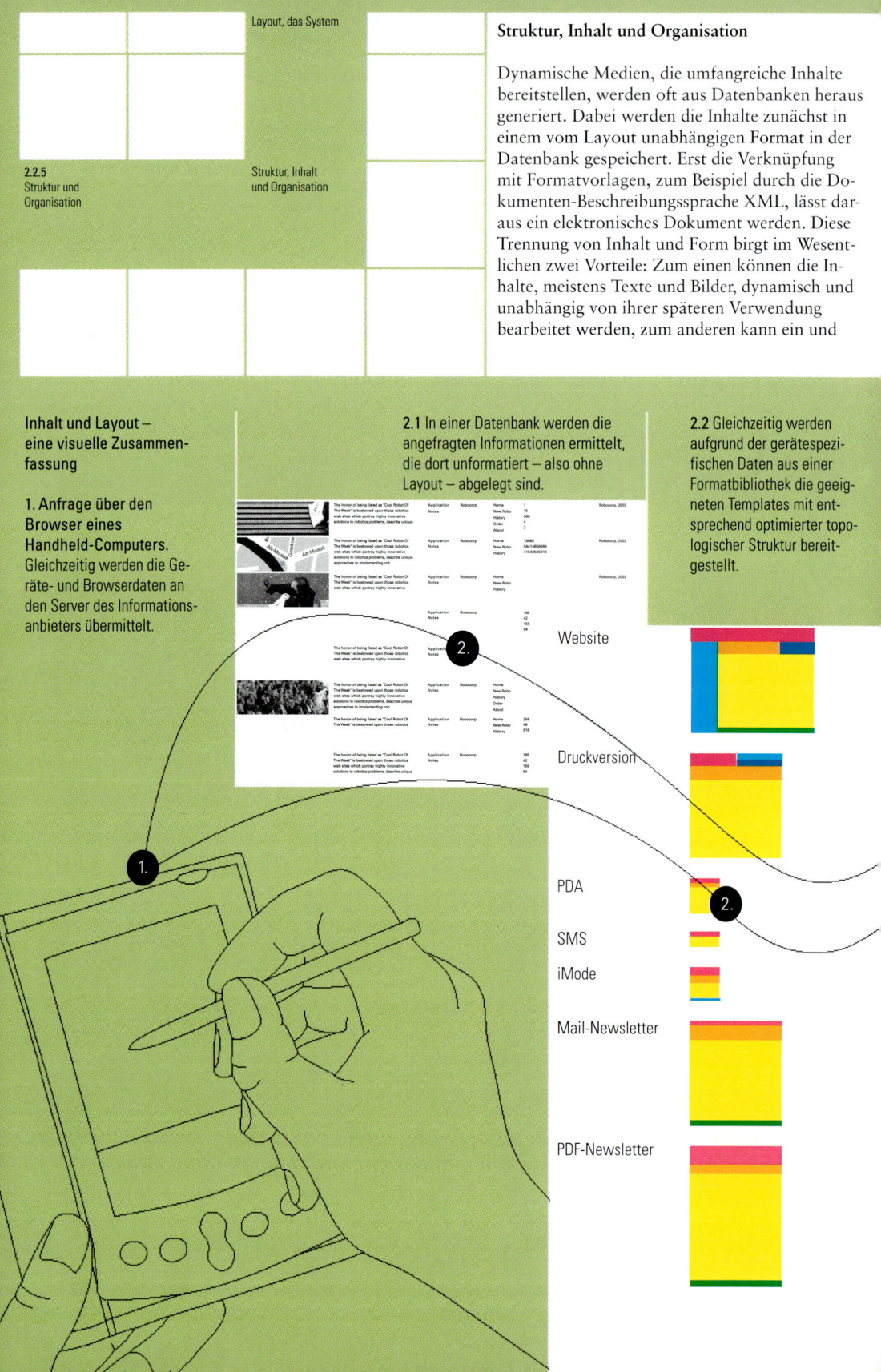

Inhalt und Layout – eine visuelle Zusammenfassung

1. Anfrage über den Browser eines Handheld-Computers. Gleichzeitig werden die Geräte- und Browserdaten an den Server des Informationsanbieters übermittelt.

2.1 In einer Datenbank werden die angefragten Informationen ermittelt, die dort unformatiert – also ohne Layout – abgelegt sind.

2.2 Gleichzeitig werden aufgrund der gerätespezifischen Daten aus einer Formatbibliothek die geeigneten Templates mit entsprechend optimierter topologischer Struktur bereitgestellt.

Website

Druckversion

PDA

SMS

iMode

Mail-Newsletter

PDF-Newsletter

derselbe Inhalt auf verschiedene Formatvorlagen und Medien hin übernommen werden.
Solche Systeme setzen jedoch voraus, dass die Gestaltung der Formatvorlagen in sehr hohem Maße standardisiert ist und möglichst so flexibel eingerichtet wird, dass unterschiedliche Mengen von Inhalten aufgenommen werden können.

Topologien spielen in diesem System eine entscheidende Rolle: Sie sind die Grundlage für einen modularen Aufbau standardisierter Formatvorlagen und geben Anhaltspunkte für das Zusammenspiel von statischen und dynamischen Bestandteilen des Layouts. So lassen sich dieselben Inhalte auf Medien wie Websites, Drucksachen oder mobilen Systemen darstellen, während das Konzept der Topologie für medienübergreifende Wiedererkennbarkeit und Verständlichkeit sorgt.

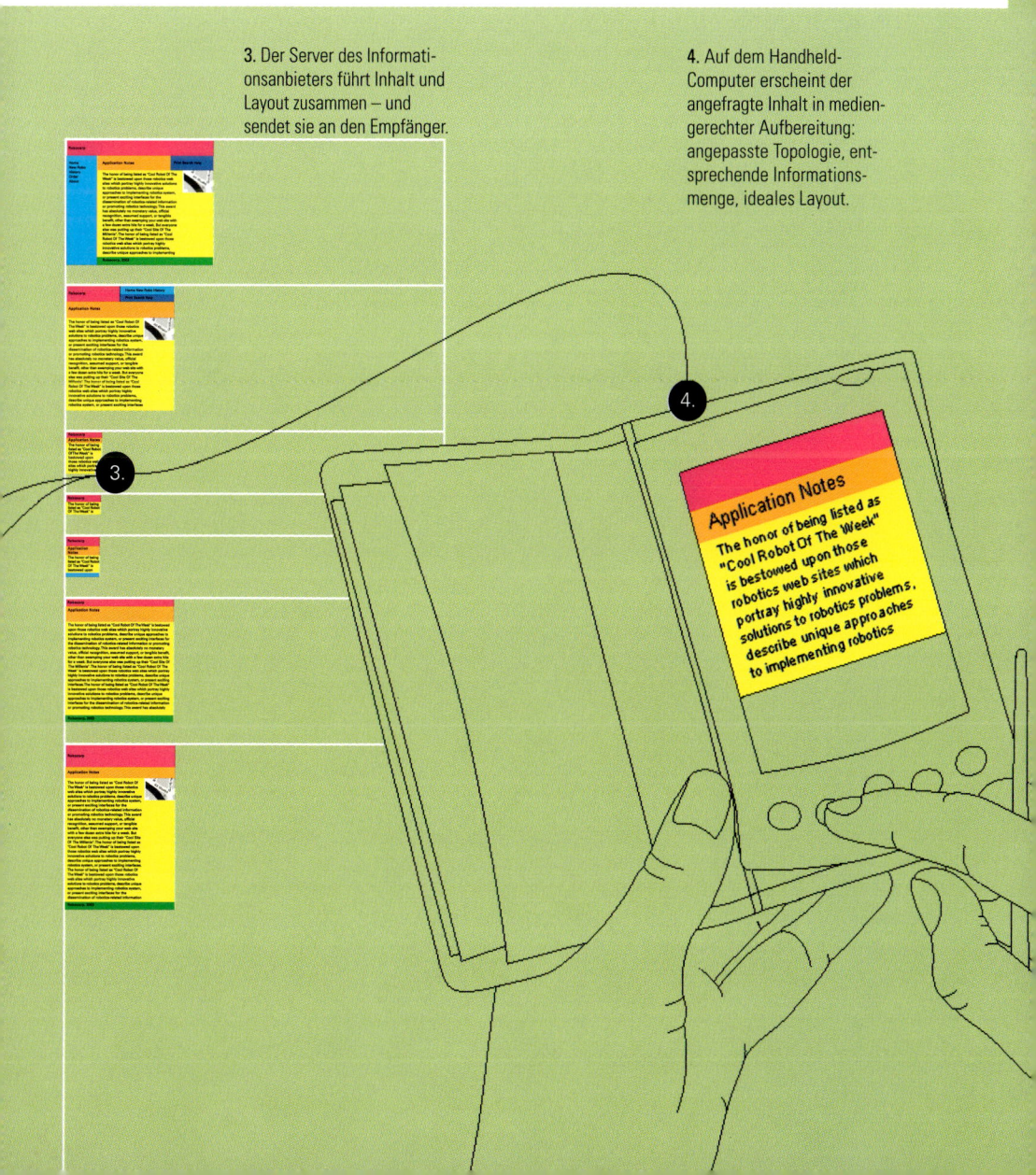

3. Der Server des Informationsanbieters führt Inhalt und Layout zusammen — und sendet sie an den Empfänger.

4. Auf dem Handheld-Computer erscheint der angefragte Inhalt in mediengerechter Aufbereitung: angepasste Topologie, entsprechende Informationsmenge, ideales Layout.

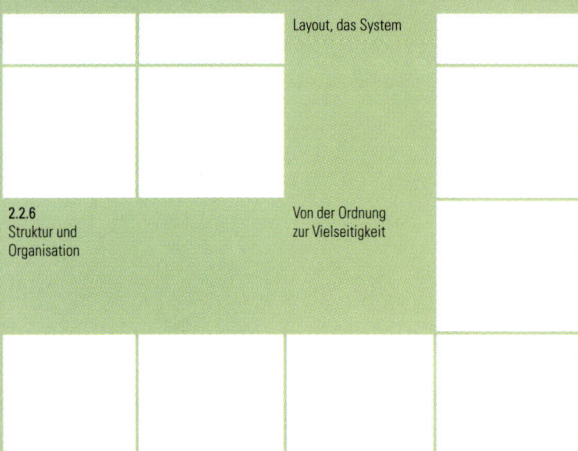

2.2.6
Struktur und
Organisation

Von der Ordnung
zur Vielseitigkeit

Von der Ordnung zur Vielseitigkeit

Ordnende Systeme erwecken oft den Eindruck fehlender Spontanität und Flexibilität – sie können aber auch genau zu beidem beitragen: Erst die strukturierte Bereitstellung topologischer Systeme ermöglicht so zum Beispiel den vielseitigen Einsatz ein und derselben Information in unterschiedlichsten Medien. Die Tageszeitung zum Beispiel, die hauptsächlich in einer Datenbank existiert und dort gepflegt wird, präsentiert sich schließlich den Lesern in deren bevorzugten Medien als Printprodukt oder auf dem Bildschirm. Die Gestaltung eines Layouts wird in diesen Fällen zum feinen Austarieren von technischen und gestalterischen Anforderungen –

Website

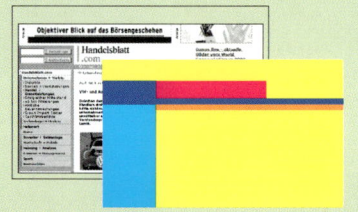

Druckversion

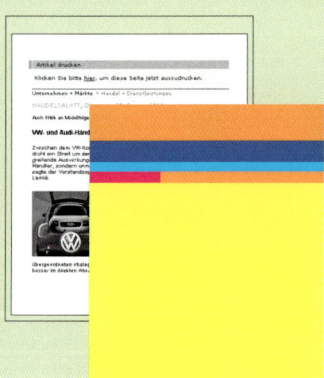

PDA

SMS

Mail-Newsletter

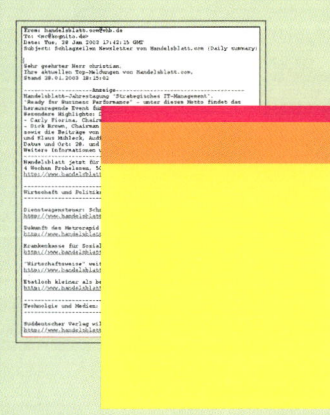

PDF-Newsletter

Leser kennen das «Handelsblatt» überwiegend in der gedruckten Form als Zeitung. Datenbankgestütztes «Content-Management» macht die Inhalte jedoch auch in anderen Formen und Medien verfügbar – und nimmt auf diesem Weg vielleicht auch auf das typische Erscheinungsbild in den Köpfen der Leser Einfluss. Was aber bleiben konstante Merkmale?

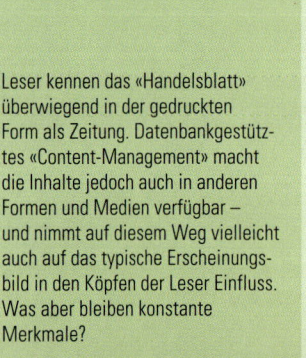

mit dem Ziel, ein unverwechselbares und nütz-
liches Produkt herzustellen, das besonders durch
die Gestaltung an Persönlichkeit gewinnt.
Die Uniformität topologischer Systeme bietet
natürlich auch ein hohes Rationalisierungs-
potenzial. Auf der Basis einer Datenbank und
eines Sets von Layout-Templates mit gut durch-
dachtem topologischem System lässt sich ein
ganzer Kosmos an Marken, Inhalten und Medien
organisieren. Auf dieser Grundlage generieren
sich Websites weitestgehend automatisch und
erreichen dabei einen Umfang, der manuell nur
mit immensem Aufwand zu bearbeiten und zu
verwalten wäre. Änderungen im Erscheinungsbild erfolgen dabei zentral in einer Formatbibliothek, die wiederum aus kleineren, modularen

Einheiten zusammengesetzt wird, und deren
Elemente letztlich über ein topologisches System
in einen sinnvollen Zusammenhang gebracht
werden.

www.siemens.com
www.ad.siemens.com

www.siemens-mobile.com
www.my-siemens.com

www.mechoptronics.com
www.vdo.com
www.vdodayton.de

www.siemens.com.eg

www.siemens-mobile.de
www.fujitsu-siemens.com
www.infineon.com
www.siemens-tts.ch

Siemens setzt sich aus verschiedenen Unter-
nehmen und ihren Marken zusammen. Viele
davon bieten ihre Informationen in einem
einheitlich strukturierten Layout im Internet
an. Das topologische System ist fast immer
identisch, lediglich die Ausgestaltung der
einzelnen Bereiche unterscheidet sich.
Solche Informationsdienste werden aus sehr
großen Datenmengen generiert und setzen
ein entsprechend hohes Maß an Standardisierung voraus.

2.3.0

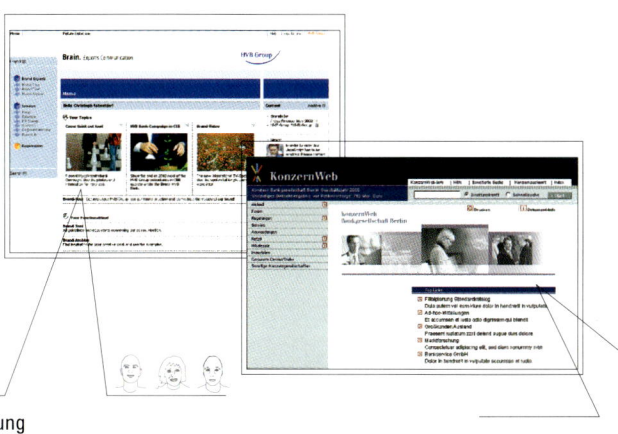

Neue Gestaltung

Branding Integration Network
Digitale Anwendung zur Vermittlung des
Corporate Designs der HypoVereinsbank

kognito Gestaltung

Styleguides für die digitalen Medien
der Bankgesellschaft Berlin

Ein Layout sorgt nicht nur für das visuelle
Erscheinungsbild einer digitalen Anwendung, sondern bildet auch die Grundlage
der Kooperation im Entwicklungsprozess
eines Projektes: zur Abstimmung mit den
Auftraggebern, zur Evaluierung alternativer
Lösungsansätze und zur Anleitung bei der
technischen Realisierung.
Mit Kooperation verbindet sich immer
Kommunikation, und hier insbesondere der
Austausch unterschiedlicher Gesichtspunkte.
Deshalb kommen in diesem Kapitel Profis
zu Wort, die ihre unterschiedlichen Konzepte
zum Umgang mit dem Layout als Koopera-
tionsgrundlage vorstellen. Das gemeinsame
Thema: die Kommunikation rund um das
Layout für einen Finanzdienstleister. Die
Profis: zwei Berliner Teams aus den Studios
«kognito» und «Neue Gestaltung». Sie
erörtern ihre Ansätze zur erfolgreichen
Kooperation.

Layout – der Kommunikationsprozess

Während einer Projektentwicklung durchläuft ein Layout verschiedene Anwendungsformen – vom Gestaltungsentwurf bis zur Arbeitsgrundlage für die kooperative Zusammenarbeit bei der Realisierung eines Projektes. Diese «Multifunktionalität» endet nicht mit der Entwicklung eines Design-Vorschlags, sondern kann weit darüber hinaus reichen: von der Aufbereitung geeigneter Präsentationen bis zur Erstellung von Dokumentationen oder «Bauplänen» für die Implementierung. Je nach Anforderung und Zeitpunkt werden damit auch unterschiedliche Formen der «Layout-Kommunikation» notwendig, die auf kurzfristige Ereignisse oder auf langfristige

2.3.1
Kooperieren

Layout – der
Kommunikationsprozess

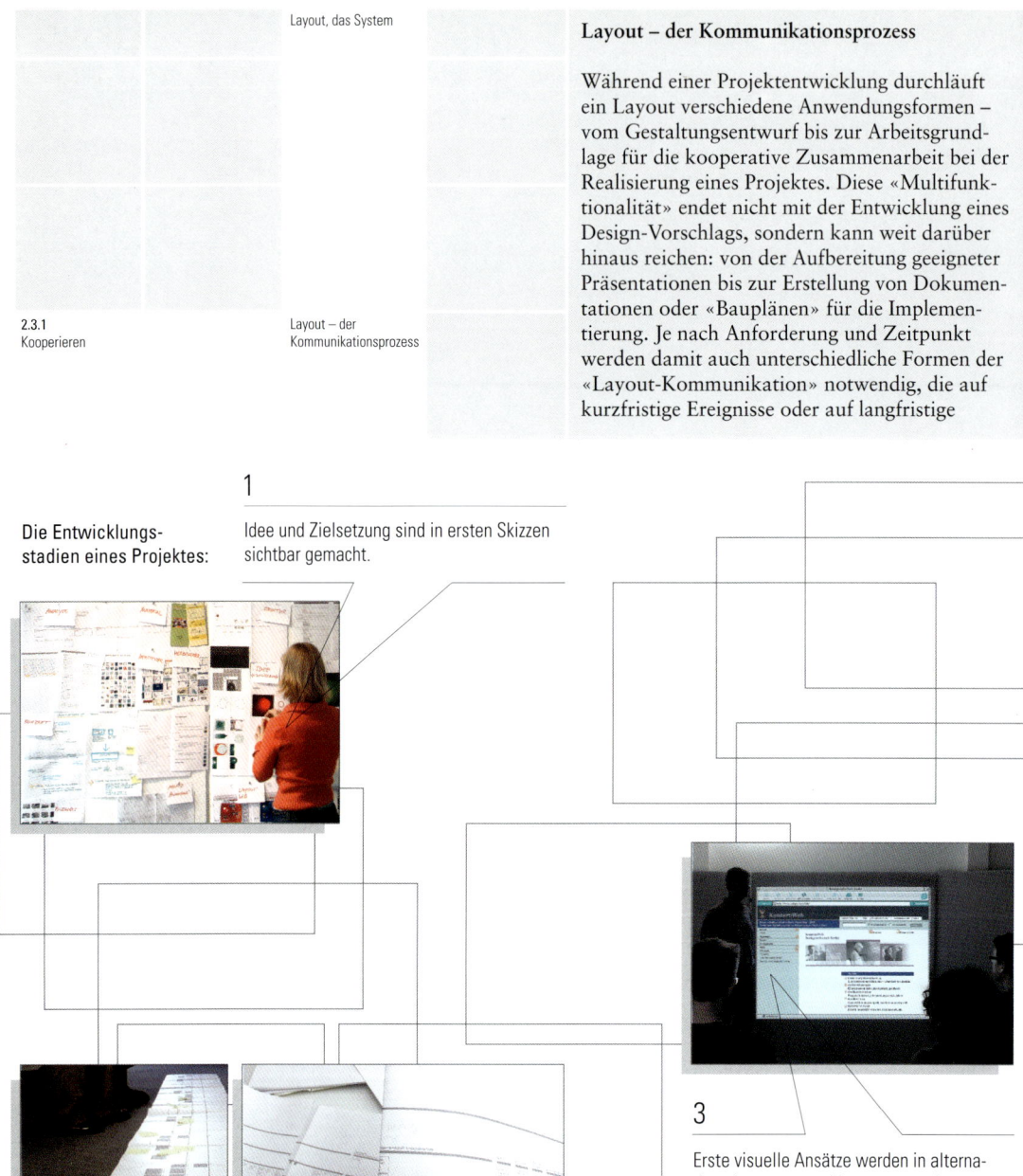

Die Entwicklungsstadien eines Projektes:

1

Idee und Zielsetzung sind in ersten Skizzen sichtbar gemacht.

3

Erste visuelle Ansätze werden in alternativen Lösungsvorschlägen präsentiert.

2

Strukturierte Beschreibungen des Aufbaus und der Inhalte in schematisierten Modellen und Sitemaps.

Nutzungszwecke abgestimmt werden. Kurzfristig zum Beispiel die Aufbereitung eines Layouts zum Zweck einer Präsentation beim Auftraggeber, bei der eher die Gestaltung des Erscheinungsbildes und das kommunikative Konzept des Layouts im Vordergrund steht. Langfristig angelegt sind hingegen Dokumentationen oder Styleguides, die eine umfassende Beschreibung des Aufbaus und pixelgenaue Vermaßungen kleinster Details im Layout erfordern.

Das Layout wird also nicht nur als unabhängiger Entwurf entwickelt, sondern auch als Referenz und Beschreibung seiner selbst, was im digitalen Medium aus dem Unikat ein vielfach reproduzierbares Bild werden lässt.

4

Prototypen auf dem Pre-Production-Server werden getestet und evaluiert.

5

Styleguides zur technischen Realisierung und Fortentwicklung digitaler Anwendungen.

6

Upload und Bereitstellung für den Betrieb und die Nutzung durch die Anwender.

Mit Medien über Medien

Bei der Layout-Kommunikation müssen an zahlreiche Empfänger unterschiedliche Informationen
distribuiert werden, die den Einsatz verschiedener
Medien erfordern. Oft geht es dabei um Fragen
wie: Welches Layout kommt wann zum Einsatz?
Wie lassen sich Layouts modifizieren oder rekon-
struieren? Welche funktionalen Merkmale gilt es
zu beachten? In der visuellen Aufbereitung muss
unmissverständlich sein: Was ist Bestandteil des
Layouts und was dient seiner Beschreibung und
Vermittlung? Gleichzeitig muss die mediale Frage
geklärt werden, beispielsweise ob eine Website
auf einer weiteren Website überhaupt angemessen
dokumentiert werden kann.

Kommunikationsformen

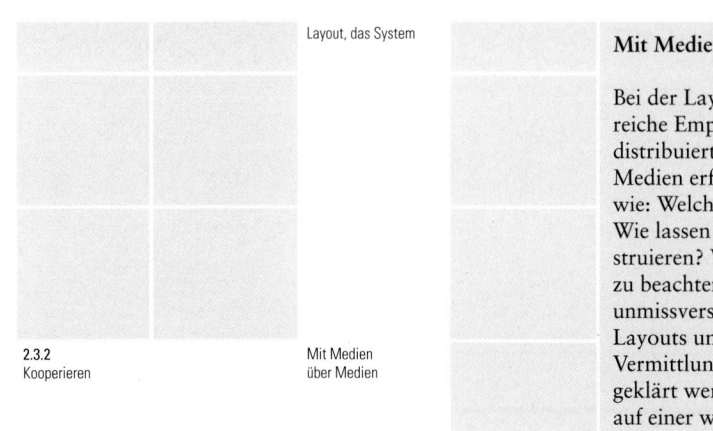

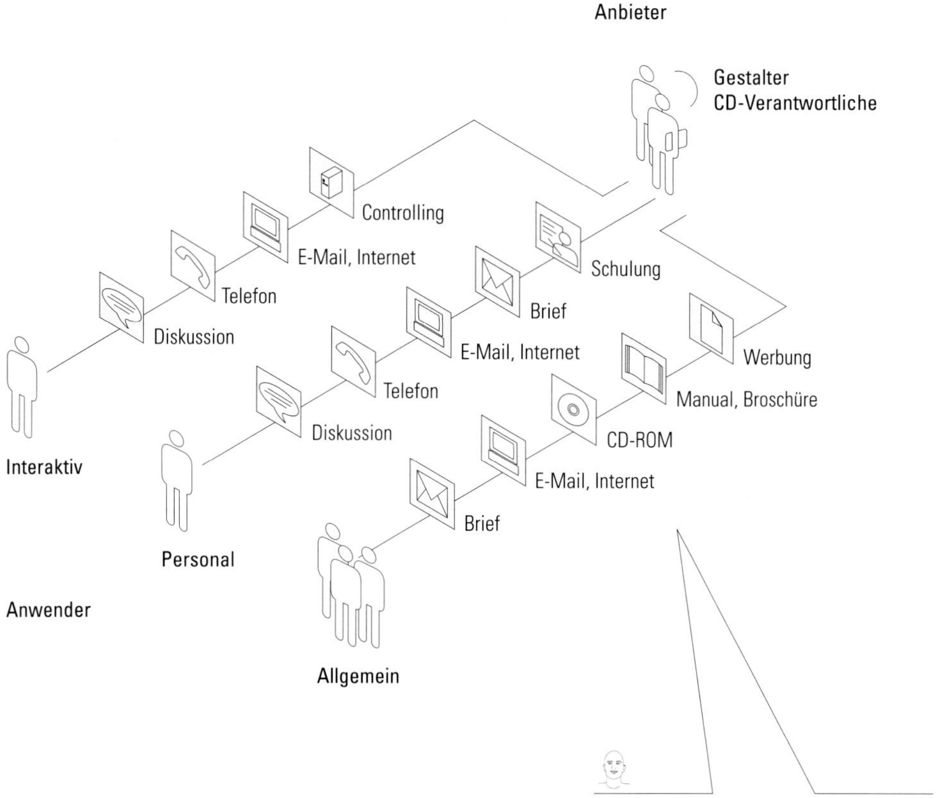

Anbieter

Gestalter
CD-Verantwortliche

Controlling

E-Mail, Internet

Telefon

Schulung

Diskussion

Brief

E-Mail, Internet

Telefon

Werbung

Diskussion

Manual, Broschüre

CD-ROM

E-Mail, Internet

Interaktiv

Brief

Personal

Anwender

Allgemein

Mögliche Wege, Informationen an den
Anwender vor, während und nach dem
Layout-Prozess weiterzugeben.

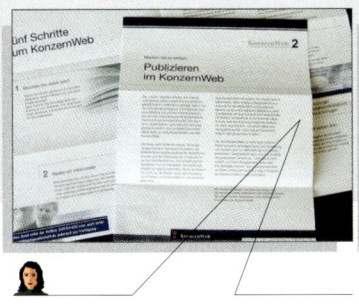

Cross-Media-Kommunikation: Announcements und Einführungen erleichtern das Informieren großer Zielgruppen und wecken medienübergreifende Neugier. Abbildungen der Layouts stehen stellvertretend für die Anwendung.

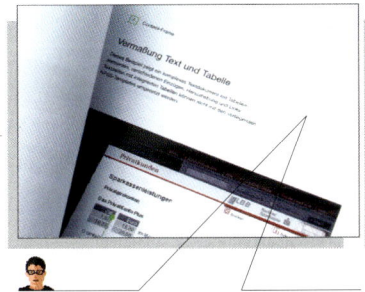

Dokumentationen und Anleitungen dienen der Koordination verschiedener Spezialisten und der dezentralen Erweiterung und Pflege.

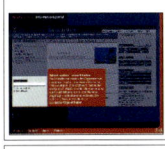

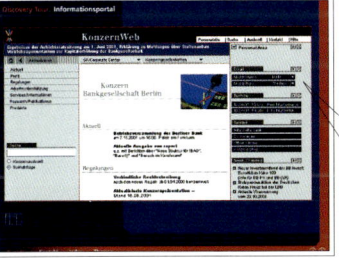

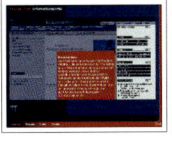

Schulungssysteme helfen beim Einstieg und der medialen Einstimmung: geführte Kurse und Training am Fallbeispiel. Das Layout wird zur Grundlage der didaktischen Aufbereitung.

Schaltstellen der Kooperation: Styleguides

Ein Layout ist für Designer die selbstverständlichste Sache der Welt – für viele andere Projektbeteiligte die erklärungsbedürftigste Nebensache in ihrer Arbeit.

Überbrückt wird diese Lücke, indem Layouts und Design-Systeme in Design-Manuals oder Styleguides aufbereitet werden. Für die technische Realisierung und spätere Pflege von Kommunikationsmedien sind diese Dokumentationen eine wichtige Arbeitsgrundlage – auch mit dem Ziel, unabhängig von einer intensiven Betreuung durch Designer handeln zu können. Ein guter Styleguide kann ein umfangreiches Dokument oder Programm sein, dem eine eigene Konzeption

Inhaltsverzeichnis Styleguide

Welches Wissen benötigen wir, um so detailliert wie möglich an das Erscheinungsbild des Layouts heranzukommen? Diese umfassende Auflistung zeigt, was während des Layoutprozesses definiert werden muss und was für alle Projektteilnehmer wichtig ist.

und Abstimmung auf die Bedürfnisse der Kooperationspartner zugrunde liegt. Vier Themenbereiche stehen dabei im Vordergrund: Erläuterung von Zielsetzung und inhaltlicher Ausrichtung, Beschreibung der gestalterischen Konzeption, exemplarische Anwendungsbeispiele und die Anleitung zur Erweiterung und Pflege. Kaum ein Styleguide wird zum Zeitpunkt seiner Veröffentlichung tatsächlich fertig gestellt sein, weshalb ein modular erweiterbarer Aufbau des Inhalts sehr empfehlenswert ist. Ergänzungen, die sich zum Beispiel im späteren Betrieb und der Pflege einer Website ergeben, sollten unbedingt zur durchgängigen Dokumentation in den Styleguide aufgenommen werden.

Das sieht nach viel Arbeit aus – und ist es auch. Oft werden Styleguides beiläufig als «Nebenprodukt» behandelt, bequemerweise auf dem Niveau vermaßter Layoutentwürfe. Ein strukturiert aufgebauter und optimal auf die Anwendergruppen abgestimmter Styleguide ist zwar viel aufwendiger, aber für jeden Auftraggeber eine lohnende Investition. Die Fortentwicklung orientiert sich an klaren Richtlinien und kann in überschaubarer Einarbeitungszeit von verschiedenen Partnern übernommen werden. Mit einem gemeinsamen Grundlagenwerk werden aus Projektbeteiligten Projektpartner. Wichtig ist: Styleguides sollten aktiv zum Einsatz gebracht werden, zum Beispiel durch Workshops oder eine breit angelegte Informationskampagne.

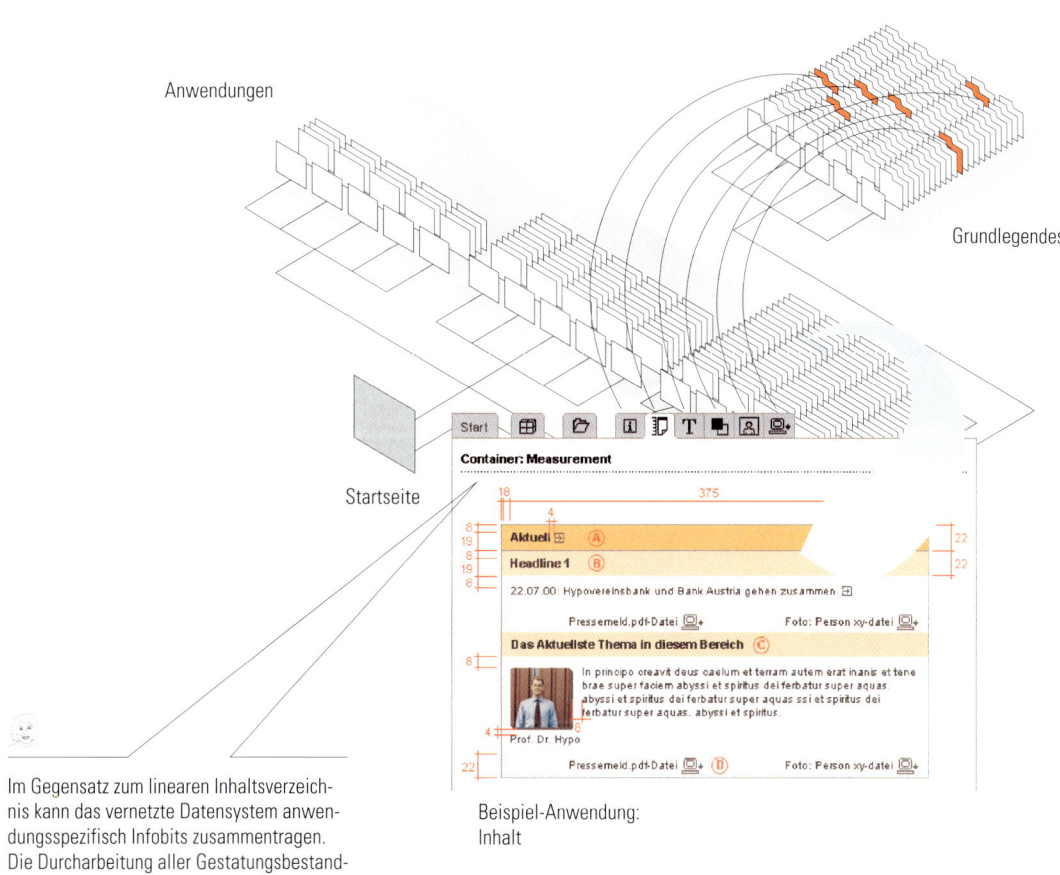

Anwendungen

Grundlegendes

Startseite

Beispiel-Anwendung:
Inhalt

Im Gegensatz zum linearen Inhaltsverzeichnis kann das vernetzte Datensystem anwendungsspezifisch Infobits zusammentragen. Die Durcharbeitung aller Gestatungsbestandteile entfällt, da für eine spezifische Anwendung nur Teile daraus gebraucht werden.

Das Intranet der Bankgesellschaft Berlin ist ein extrem umfassendes und komplexes Medium. Die dezentrale technische und redaktionelle Pflege ist oft der einzige Weg, um ein solches System zu betreiben. Die Dokumentation ist online als PDF erhältlich oder, wo es Sinn macht, in gedruckter Form.

Beispiele können in ihrer Gesamtheit erfasst werden. Die Seiten enthalten verschiedene Fenstertypen mit Seitenstruktur, Frame- und Rasteraufteilung und Erklärungen aller Bestandteile. Die konsistenten Farben erleichtern die Vergleichbarkeit der Fenstertypen. Die Farbe des Rasters und der Beschreibungspunkte kommt im Layout selbst nicht vor.

2.3.3
Kooperieren

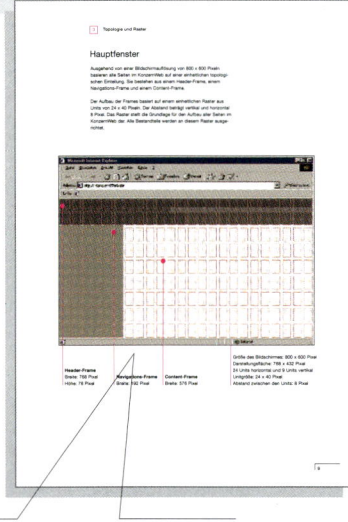

Die Ausgangsparameter Bildschirmauflösung und Browserprogramm werden festgelegt. Dies garantiert eine einheitliche Grundlage.

Ein gedruckter Styleguide ermöglicht eine bessere Vergleichbarkeit der Beispielseiten. Der Styleguide ist als ständiges Nachschlagewerk jederzeit verfügbar. Es ist kein Hin- und Herklicken zwischen Dokumentation und Entwicklungsumgebung nötig.

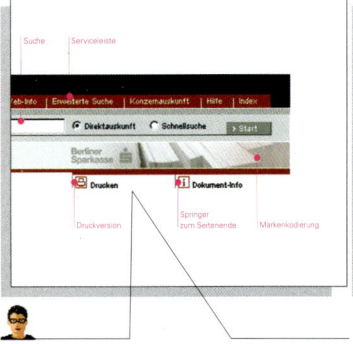

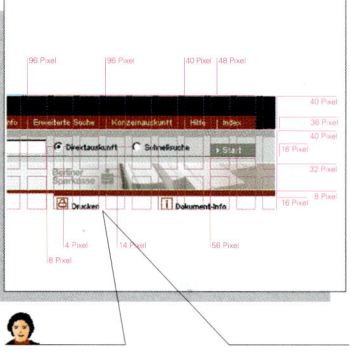

Einheitliche Benennung, damit alle Beteiligten wissen, wovon die Rede ist. Nichts erleichtert die Kommunikation mehr als ein einheitliches Vokabular.

Rastersysteme und präzise Vermaßung, damit bei der programmiertechnischen Aufbereitung keine Missverständnisse entstehen.

Brain (Branding Integration Network) ist
ein digitales Werkzeug (Brand-Tool) zur Vermittlung des Corporate Designs der Hypo-
Vereinsbank.
Die folgenden Beispiele zeigen exemplarisch
den Ablauf eines Zugriffs auf den Bereich
Elektronische Medien.

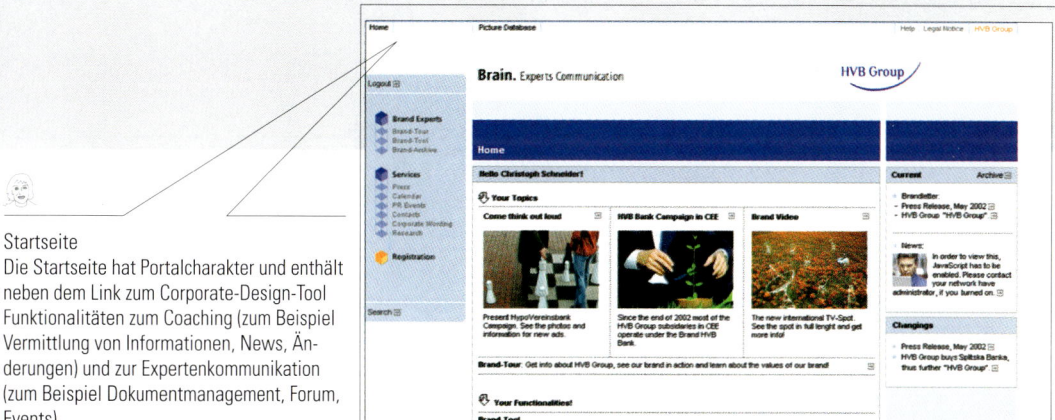

Startseite
Die Startseite hat Portalcharakter und enthält
neben dem Link zum Corporate-Design-Tool
Funktionalitäten zum Coaching (zum Beispiel
Vermittlung von Informationen, News, Än-
derungen) und zur Expertenkommunikation
(zum Beispiel Dokumentmanagement, Forum,
Events).

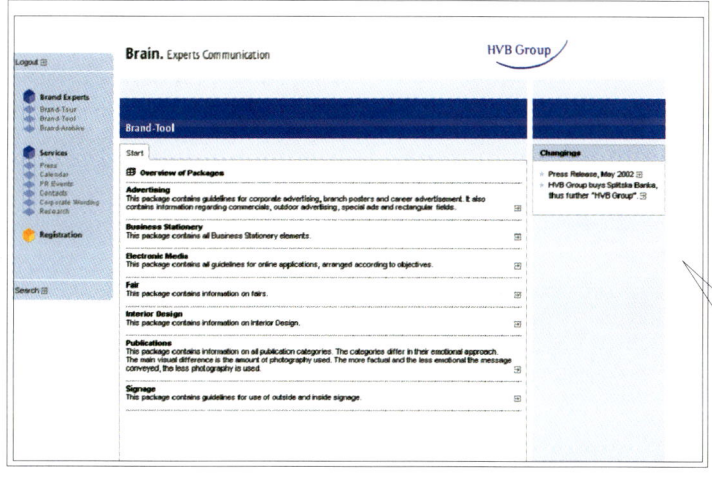

Auswahlseite: Anwendungen
In einer ersten Stufe wird im Brand-Tool
die Anwendungsstruktur des Unternehmens
abgebildet. Dazu zählen neben den
elektronischen Medien auch Bereiche wie
Werbung, Geschäftsausstattung oder
Publikationen.

Besonders «funktionsreiche» Seiten sollten
sehr detailliert und vollständig beschrieben
werden, weil es gerade hier durch ungenaue
Beschreibungen zu Missverständnissen
kommen kann, die zu großen Zeitverlusten
und unnötigen Kosten führen können.

2.3.3
Kooperieren

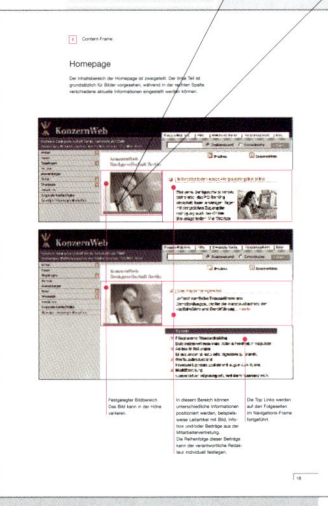

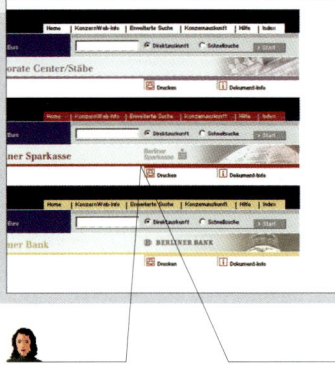

Detaillierte Visualisierung, damit knifflige
Bestandteile und Funktionsweisen nachvollziehbar sind und detailnah rekonstruiert
werden können.

Redundante Dokumentation: Beispiele,
Beispiele, Beispiele – je ausführlicher, desto
besser. Viele neue Anwendungsfälle sind
meistens nur geringe Abwandlungen bereits
vorhandener.

Um Seitenbeschreibungen verständlich
zu gestalten, werden Erklärungen und Vermaßungen auf zwei hintereinander folgenden Seiten getrennt. Erst werden die all-
gemeinen Seitenfunktionalitäten erläutert,
dann folgen pixelgenaue Vermaßungen.

Vermaßungen sollten einheitlich gestaltet
werden: Gleiche Farbe, Schrift, Schriftgröße,
Linienart und Positionierung machen es den
Nutzern leicht. Vergrößerte Ansichten sind
sinnvoll, damit auch Details genau vermaßt
werden können.

Seiten, die eine Zusammenstellung einzelner
Layoutelemente enthalten, erlauben dem
Leser einen Überlick über die verschiedenen
Formen und ihre Anwendung. Dadurch wird
die Erstellung neuer Bestandteile erleichtert,
weil weitere Elemente im gleichen Stil
entwickelt werden können.

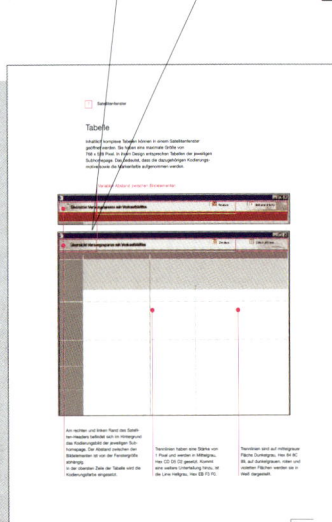

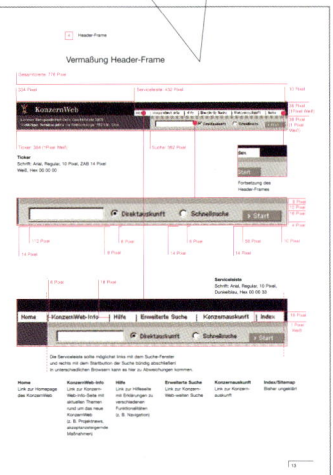

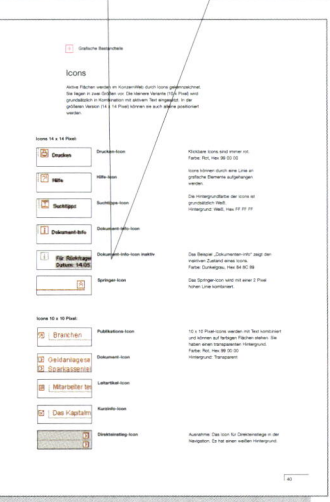

Auswahlseite Elektronische Medien:
Übersicht über den Aufbau der Anwendungs-
gruppe Elektronische Medien. Die gewünsch-
te Anwendung kann daraus ausgewahlt
werden.

Auswahlseite Subpage: Die Bestandteile der
gewählten Anwendung, zum Beispiel für eine
Subpage die Vermaßung der gesamten Seite,
Topnavigation, Container, sind aufgelistet.

Die «Reiter»
Das Corporate Design (CD) wird in seine
Grundelemente zerlegt, als Bausteine gespeichert und später anwendungsspezifisch
über Reiter wie in einem Karteikastensystem
zusammengestellt. Reiter enthalten die
Angaben zu Vermaßung, Logos, Schriften,
Farben, Verarbeitung, Bild- und Illustrations-
sprache und Ordnungsprinzipien.

Instrumentarium
Enthält die Vorgaben für die Bestandteile
der Seiten mit Vermaßung im Detail und er-
läuterndem Text. Hier erfolgt vor dem Download von Erstellungsdateien (Instrumenten)
Information und Coaching. Damit können
Fehleinsätze minimiert werden.

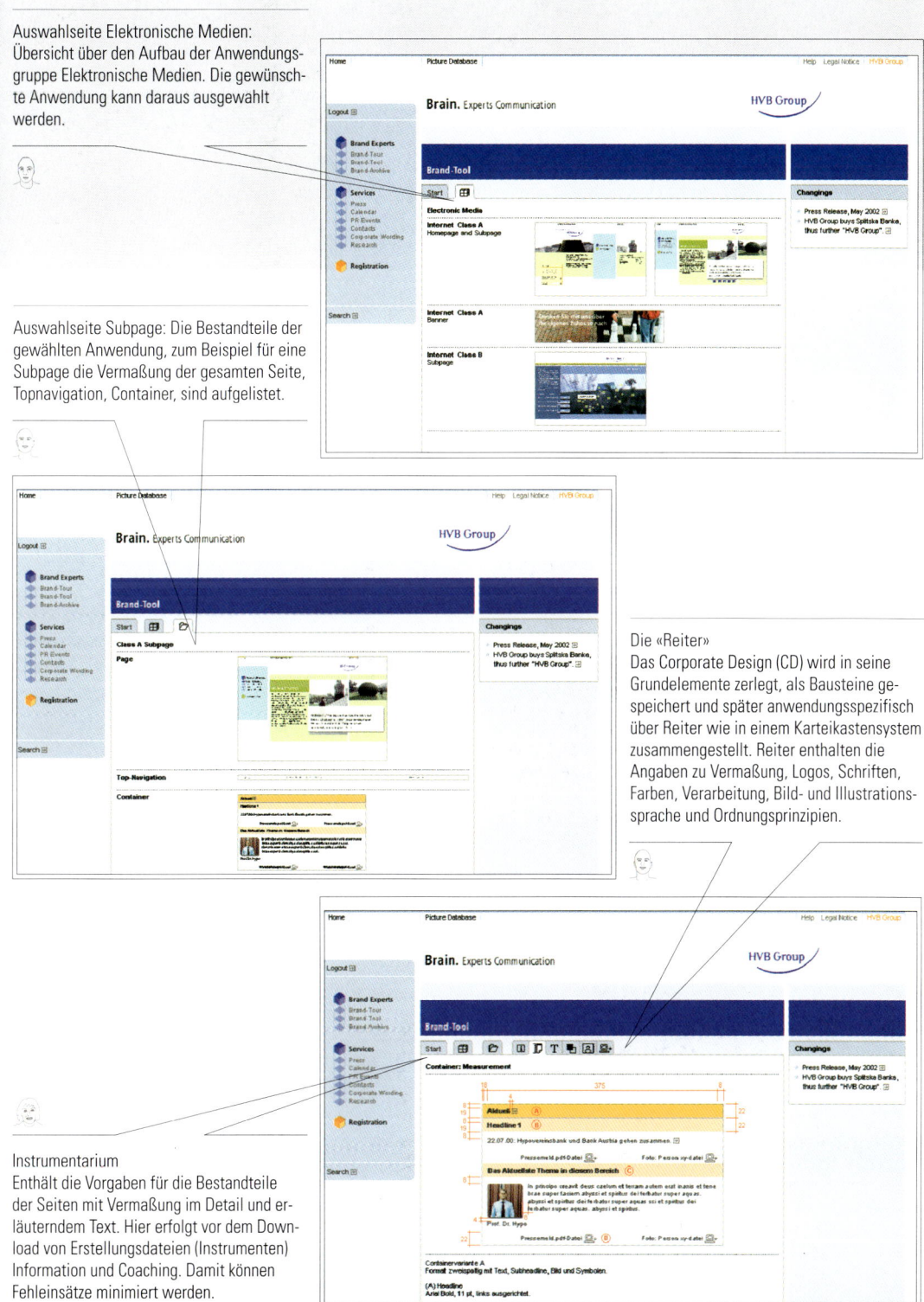

Digitaler Baukasten

Alle permanenten und wiederkehrenden Layout-Bestandteile können in einem Baukastensystem als digitales Arbeitsmaterial bereitgestellt werden. Und auch hier kann das Einhalten festgelegter Konventionen bei Benennung und Aufbau die gemeinsame Arbeit ungemein erleichtern. Beispieldateien müssen absolut verlässlich sein, werden sie doch höchstwahrscheinlich vielfach kopiert und in den digitalen Umlauf gebracht. Am besten verzichtet man auf kryptische Bezeichnungen und sorgt bei grafischen Bestandteilen, die in Ebenen aufgebaut sind, für eine durchgängige Kennzeichnung.

2.3.4
Kooperieren

Digitaler Baukasten

Browserfenster können zur Verbesserung des Gesamteindruckes beitragen, eine isolierte Layoutfläche hingegen kann leicht zu Irritationen bei der Beurteilung des Platzbedarfs führen.

Unveränderliche Bestandteile des Layouts werden gesammelt und auf einer Ebene abgelegt, die veränderlichen hingegen erhalten jeweils ihre eigene, entsprechend gekennzeichnete Ebene.

Musterdateien sollten wie die entsprechende Anwendung benannt werden. Layoutbestandteile sollten mit ihren Dateinamen gekennzeichnet werden.

Ebenenstruktur einer Musterseite: So detailliert und umfangreich wie nötig, so sparsam wie möglich. Jede Ebene sollte verständlich benannt sein.

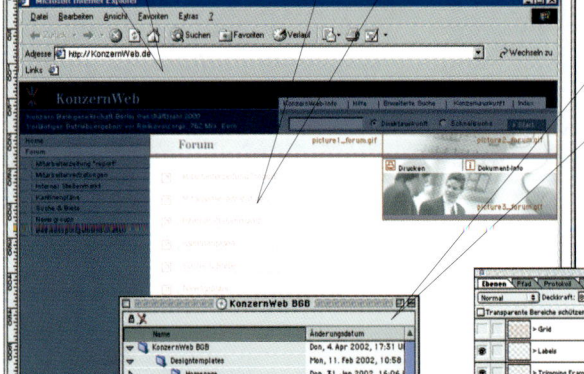

Farbmodus RGB – und am besten in einem Dateiformat, das die Organisation der Bestandteile in Ebenen erlaubt, zum Beispiel Photoshop.

Distribution: Die Verzeichnisstruktur bildet idealerweise die Struktur der jeweiligen Anwendung ab – nach Rubriken und Seitentypen gegliedert.

Musterdateien sollten Raster, Kennzeichnungen und Hilfslinien enthalten. Hierzu unbedingt jeweils eine eigenständige Ebene verwenden.

Die Distribution, gleich ob über Datenträger oder Online-Kanäle, sollte für den Empfängerkreis vorher eindeutig festgelegt werden. Wichtig ist die Beantwortung von Fragen wie: Wer erhält welche Daten? Wie ist die Modifikation oder gar Erstellung eigener Layout-Fassungen geregelt? Wie funktioniert die Autorisation? Wer ist für die Qualitätssicherung zuständig?

In den meisten Fällen haben die Auftraggeber ein hohes Interesse daran, dass die Bereitstellung und Nutzung der Daten in sehr kontrollierten Bahnen verläuft und den verabschiedeten Standards entspricht. Umgekehrt schaden Designer oft selber ihrer Arbeit, wenn sie nicht aus eigenem Engagement für eine kooperative Bereitstellung der Daten sorgen – zu unprofessionellen Modifikationen eines Layouts ist es dann leider oft nur ein kleiner Schritt.

Download
Im Reiter «Download» kann der Anwender alle projektrelevanten Materialien, Vorlagen und Vorgaben downloaden. Dies sind zum Beispiel für ein Plakat eine vorformatierte QuarkXPress-Datei mit entsprechendem Logo und eine PDF-Datei, die alle Vorgaben und Vermaßungen enthält.

Übersichtlichkeit
Dem User werden lediglich die für ihn notwendigen Angaben und Materialien geliefert. Dies fördert die Verständlichkeit und reduziert Fehlerquellen. Dabei sorgen intelligente Filter und Strukturierungen für eine einfache Beschreibung der Anwendungsstruktur und eine fein gegliederte, bedarfsgerechte Zuspielung der Instrumente.

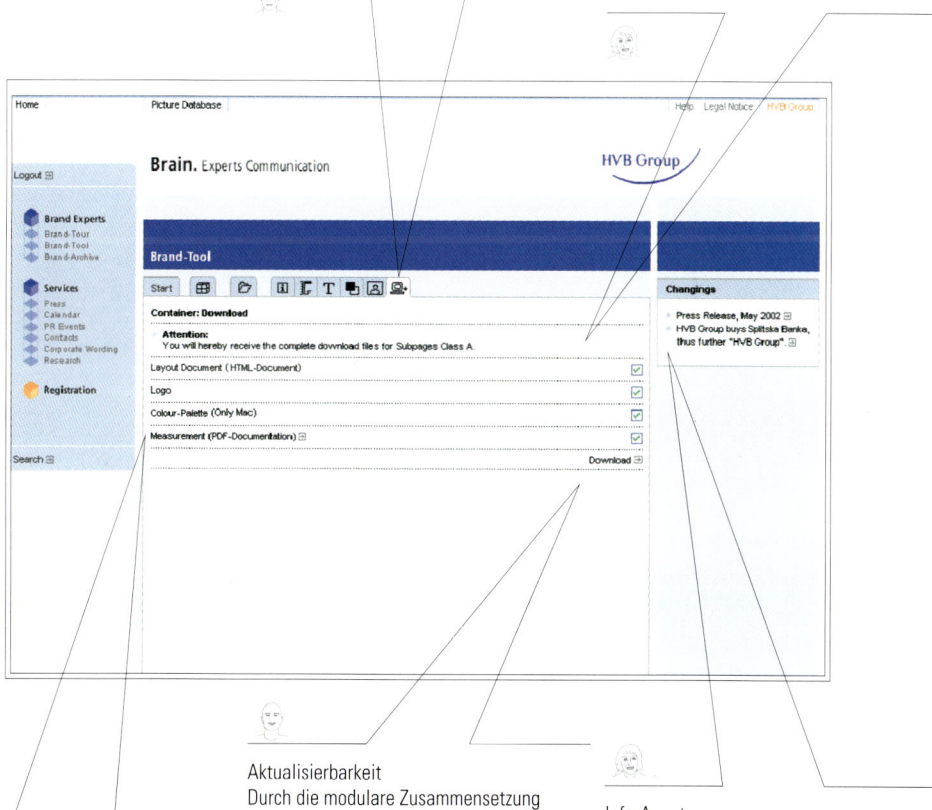

Doppel-Coaching: Das gesamte Instrumentarium wird parallel als Online-Beschreibung und als downloadbare Datei gepflegt und repräsentiert.

Aktualisierbarkeit
Durch die modulare Zusammensetzung müssen nur die jeweiligen Grundbausteine abgeändert werden, damit der Anwender aktualisierte oder erweiterte Dateien erhält. So ist gewährleistet, dass immer nur gültige Vorgaben und Daten verwendet werden.

Info-Agenten
Das Coaching wird durch ein Änderungsmanagement-System erweitert, das Nutzer sofort über Änderungen in den Corporate Design-Definitionen informiert.

3.1.0

Layout, die Erfahrung

Wirkungsräume mobiler Systeme

Die grenzenlose Mobilität führt zu unterschied-lichsten Wirkungsräumen beim Einsatz digitaler Medien. Es spielt keine Rolle, zu welcher Tages-zeit und in welchem Umfeld diese zum Einsatz kommen und wie viel Zeit für ihre Nutzung zur Verfügung steht. Dabei stellen sich besonders hohe Anforderungen an die Nutzer: Die Display-größen sind – bei gleichzeitig hoher Funktions-vielfalt – sehr begrenzt, weshalb die mobilen Geräte nicht sehr viel Spielraum für differen-zierte und raffinierte Gestaltungsmerkmale eines Layouts bieten. Entscheidend ist vor allem eine übersichtliche und informative Aufbereitung der Inhalte. Navigation und Inhalt bilden weitest-

Navigationssysteme

Schauen, Lenken, Bremsen – der Wirkungsraum Auto und Straßenverkehr ist sicher besonders stressig. Deshalb ist, trotz akustischer Unterstützung, die schnelle visuelle Erfassbarkeit des Displays von entscheidender Bedeutung. Die Anknüpfung an vertraute visuelle Sprachen, zum Beispiel der Verkehrszeichen oder der Straßenkarten, ist dabei sicher hilfreich.

Mobiltelefone

Die «ständigen Begleiter» werden jederzeit und überall einge-setzt. Ihre Wirkungsräume sind kaum eingrenzbar und erfordern deshalb bei mobilen, grafischen Diensten schnell erfassbare und leicht verständliche Interface-Layouts. Phone-Cover geben dem Medium eine persönliche Note.

gehend eine Einheit und müssen so aufbereitet werden, dass sie gleichzeitig Steuerungsfunktionen übernehmen und Auskunft über ihre Art und ihren Umfang vermitteln können.

Mobile Medien befinden sich meistens in persönlichem Besitz, und ihre Eigentümer pflegen oft eine innige Beziehung zu «ihrem» ständigen Begleiter. Als persönliches Accessoire wird häufig der Informationsträger selbst «gestylt» – ganz im Kontrast zu den eher knappen und nüchternen Ausdrucksformen auf dem Display. Was cool oder eher konventionell ist, entscheidet sich weniger am Layout des Displays als vielmehr am Cover des Gerätes.

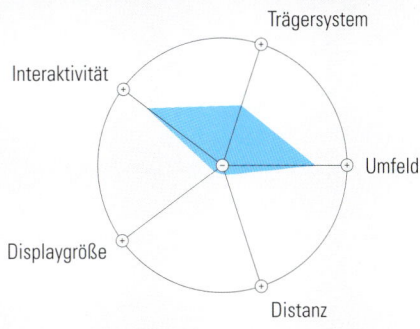

Einflussfaktoren
im Wirkungsraum

PDA / Handhelds

Ermöglichen komplexere Anwendungen in unabhängigen Wirkungsräumen. Hier werden durchaus auch umfangreichere und persönlichere Tätigkeiten durchgeführt, wofür man sich dann schon auch eine etwas ruhigere Umgebung sucht.

Spannend wird es dort, wo das mobile Medium eine direkte Verbindung zur Umgebung herstellt, zum Beispiel in Museen. Wirkungsraum und Layout stehen hier in direkter Interaktion und sollten visuell aufeinander abgestimmt werden.

			Layout, die Erfahrung	**Arbeitsplatz und Zuhause**
3.1.2 Wirkungsraum			Arbeitsplatz und Zuhause	Konzentration, kontrollierbare Umgebung, optimierte Technologien – in keinem anderen Wirkungsraum wird einer digitalen Anwendung so viel Aufmerksamkeit geschenkt wie am Arbeitsplatz oder im eigenen Zuhause. Dementsprechend intensiv und großzügig kann hier von den visuellen Gestaltungsmöglichkeiten Gebrauch gemacht werden. Medien am Arbeitsplatz oder zu Hause befinden sich in einem persönlich kontrollierten und geschützten Bereich. Die Vertrauensbasis der Nutzer und ihre Experimentierfreudigkeit ist relativ groß, persönliche Vorlieben werden toleriert oder bleiben gar unbeobachtet – was höchstens zu geschmacklichen

Wer nicht die Möglichkeiten eines privaten Computersystems besitzt, der greift oft auf frei zugängliche Angebote wie Internet-Cafes zurück. Hier wird dann das öffentliche Umfeld in der persönlichen Wahrnehmung einfach ausgeblendet, um ebenso konzentriert zu surfen, E-Mails zu schreiben oder auch zu arbeiten.

oder semantischen Kollisionen von Wirkungsraum und Layout führen kann. Auch der Faktor
Zeit spielt kaum eine Rolle, und die Bereitschaft,
sich mit Neuem oder Überraschendem zu befassen, ist hoch.

Layouts für diese Wirkungsräume dürfen eine
große Detailtiefe und komplexe Strukturen aufweisen, das Verhältnis von Text und Bildmaterial
zur Layoutfläche ist hier am günstigsten und
die Bandbreite an Gestaltungsmöglichkeiten ist
am weitesten.

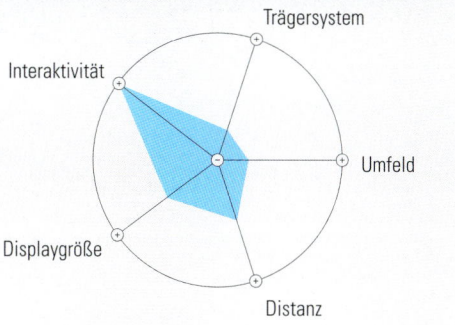

Einflussfaktoren
im Wirkungsraum

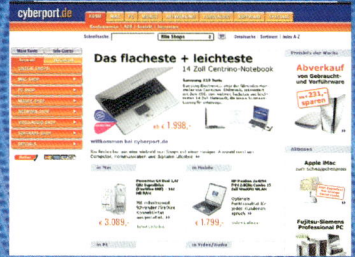

Arbeitsplatz oder heimisches Wohnzimmer – eine intensive
Auseinandersetzung mit digitalen Angeboten erfordert
immer eine gewisse Konzentration und Ungestörtheit. Ist
dies gewährleistet, darf auch die Komplexität der visuellen
Darstellung höher sein: mehr Elemente, niedrigere Kontraste, kleinere Schriftgrößen usw. Allerdings sind dann auch
«semantische Kollisionen» nicht zu verhindern, wenn sich
persönliche Vorlieben vom Display-Hintergrund in das Umfeld ausbreiten. Mehr dazu im Kapitel 3.3.

Das öffentliche Layout

Der einfahrende Zug ist schon in Sichtweite. Reicht die Zeit für die Fahrkarte, oder heißt es warten, bis der nächste Zug kommt? Das hängt nicht zuletzt vom Interface des Fahrkarten-Terminals ab. Die Gestaltung von Layouts für den öffentlichen Bereich richtet sich kompromisslos nach der Benutzerfreundlichkeit und Effektivität. Dabei sind nicht nur dramatische Szenarien wie der beschriebene Zeitdruck, sondern auch die Erwartung eines unmittelbaren Nutzens für die Qualität einer Anwendung entscheidend. Der öffentliche Wirkungsraum ist unpersönlich und wird von zahlreichen Umgebungsfaktoren beeinflusst: wechselnde Lichtverhältnisse, rastlose

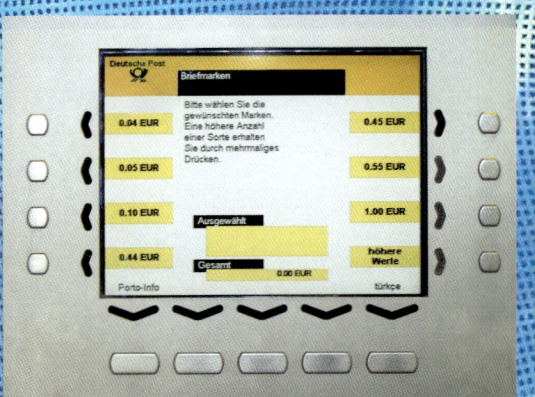

Displays in öffentlichen Terminals stehen oft in direkter Interaktion mit ihrer nächsten Umgebung, indem Funktionen von Schaltflächen auf physikalische Tasten ausgelagert werden...
Briefmarkenautomat der Deutschen Post

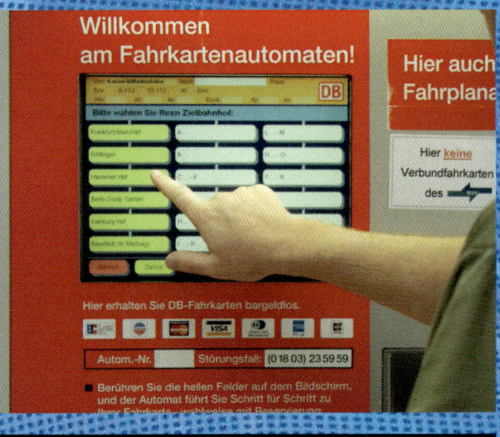

...indem die Tasten das Interface vervollständigen, Verständnislücken kompensieren helfen und somit das Layout des virtuellen in den realen Raum fortsetzen.
Fahrkartenautomat der Deutschen Bahn

...indem einfach der Anwender gleich selbst zum Bestandteil der Anwendung wird – und damit auch des Layouts...
Wünsch Dir was, «SWISH»-Pavillon, Expo 02 / Schweiz

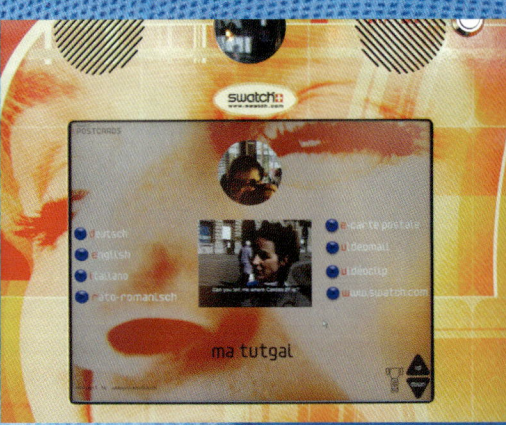

...oder indem der Wirkungsraum mit der Anwendung und die Anwendung mit dem Wirkungsraum verschmilzt. Das medienübergreifende Layout (Gesicht) soll eine Einheit suggerieren helfen.
Info-Terminal für Swatch-Uhren

Passanten, überraschende Ereignisse. Dies erfordert ein hohes Maß an persönlicher Konzentration. In einer fast logischen Gegenreaktion zur äußerst niedrigen «Toleranzschwelle» wird deshalb oft auf physische Pufferzonen zurückgegriffen. Im ungünstigsten Fall müssen die Terminals sogar für die gestalterischen Defizite der Interfaces gerade stehen. Beim Layout für den öffentlichen Raum geht es auch um den konnotativen Brückenschlag zwischen der realen und der virtuellen Welt: Die Zahl der Elemente gilt es im Verhältnis zum verfügbaren Raum anzupassen – also zu reduzieren. Die Proportionen nehmen dabei deutlich gröbere Maße an, um ein System auch ohne weitere Eingabemedien allein durch einen Touchscreen bedienen zu können.

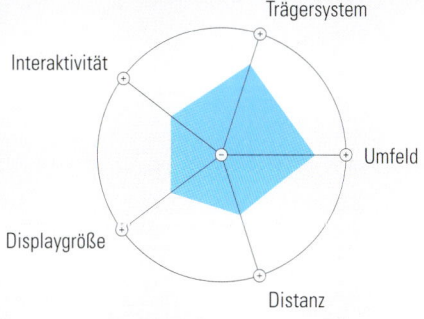

Einflussfaktoren
im Wirkungsraum

Der Wirkungsraum als Gemeinschaftsraum. Wer die Privatsphäre bevorzugt, der wird den öffentlichen Terminal nur sporadisch nutzen, denn: Mache ich alles richtig? Blamiere ich mich durch meine Interessen? Wer schaut mir über die Schulter?

Hellblauer Lack, rosa Sitze und verchromte Auspuffrohre. Was die Realität vorenthält, ermöglicht der Info-Configuration-Terminal.
Präsentations-Lounge für den Volkswagen Phaeton

Der Wirkungsraum als Gesamtinszenierung, in dem die Gestaltung der Displays geschickte Akzente setzt. So werden Anziehungskräfte für die Besucher hergestellt.
Info-Terminals im «Biopolis»-Pavillon, Expo 02 / Schweiz

Die Privatsphäre im öffentlichen Raum – auch für Rad fahrende Surfer. Wer hier die Angebote des Internets in Anspruch nehmen möchte, macht es sich auf seine Art bequem.
e-Info-Station in Berlin

Das geteilte Ereignis

Eigentlich sollten Präsentationen aus der Mitte des Publikums heraus gestaltet werden, statt am Schreibtisch zu entstehen: Vieles ließe sich dann einfacher auf die spezifischen Anforderungen einer Präsentationssituation abstimmen. Wirkungsraum und Präsentation sind eng verbunden: Sie können sich gegenseitig in ihrer Wirkung verstärken, behindern oder gar aufheben. Ein weiterer, entscheidender Einfluss geht von der fremdbestimmten Steuerung aus. Bei interaktiven Systemen führt in der Regel die Initiative des Nutzers selbst zum entscheidenden Punkt. Anders bei einer Präsentation: Der Ablauf schreitet voran und das Publikum soll folgen. Anleitungen zur

Globus
Die Wirklichkeit als Layout – hier gibt es weniger zu gestalten, sondern mehr zu staunen. Wirkungsraum und Medium sind perfekt auf den Inhalt abgestimmt. Dieser digitale Globus im Tokyoter Museum für Forschung und Technik zeigt zeitversetzt Satellitenbilder der Erde. Eine Rampe gestattet die Umrundung der Welt in wenigen Schritten, Terminals ermöglichen die Abfrage zusätzlicher Informationen.

Präsentation
Projektionen setzen oft eine Abschwächung des Umgebungslichts voraus, die Aufmerksamkeit richtet sich direkt auf die helle Bildfläche. Der Sprecher übernimmt die Kontrolle der visuellen Ereignisse, Interaktion ist bestenfalls durch Zwischenruf möglich. Layouts für diese Zwecke sollten einfach, übersichtlich, klar strukturiert sein und in einer nachvollziehbaren Dramaturgie stehen.

Aufbereitung einer Präsentation empfehlen deshalb meist, «auf den Punkt» zu kommen, um Aufmerksamkeit zu gewinnen und aufrechtzuerhalten. Das wird jedoch spätestens dann zur Herausforderung, wenn die Inhalte nicht einfach linear strukturiert, sondern mit den Raffinessen einer interaktiven Anwendung ausgestattet sind. Präsentationen beziehen ihre Umgebung mit ein: Idealerweise liegt ihnen eine räumliche Inszenierung und ein Konzept zugrunde, das den Wirkungsraum zum Bestandteil des Ereignisses werden lässt. Die Gestaltung sollte einem klaren Fokus folgen: weniger grafische Elemente, gute Lesbarkeit aus unterschiedlichen Distanzen und eine nachvollziehbare Struktur im Ablauf.

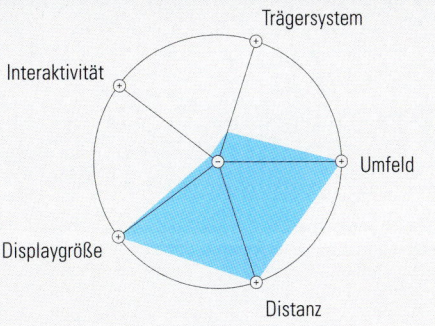

Einflussfaktoren
im Wirkungsraum

Kontrollraum der NASA

Volle Konzentration. Die Displays sind zum Teil so groß, dass sie von allen Anwesenden gleichzeitig beobachtet und abgelesen werden können. Arbeitsraum gleich Wirkungsraum – oft bedeutet dies, dass die Umgebungsfaktoren auf ein Minimum reduziert werden müssen: bei diesem Beispiel durch die Abdunkelung des Umgebungslichtes.

360 Grad

Wirkungsräume sind immer Erlebnisräume. Eine 360-Grad-Projektion, die den Betrachter im Zentrum stehen lässt, ist schon für sich beeindruckend. Die dafür erforderliche Größe des Raumes und des Mediums verstärken diesen Eindruck noch weiter – vielleicht manchmal sogar stärker als der eigentliche Inhalt der Projektion.

«Panorama»-Pavillon, Expo 02 / Schweiz

3.2.0

Informationskapazität der Sinnesorgane

Visuell erfassen wir mit Abstand die meisten
Informationen: Bezogen auf die Informati-
onsmengen, bilden die Augen das Zentrum
der menschlichen Wahrnehmung. Das macht
aber die anderen Sinne, wie den Tast- oder
Hörsinn, keineswegs unbedeutender. Hier
gilt wie so oft der bekannte Satz von Aristo-
teles: Das Ganze ist mehr als die Summe
seiner Teile – auch wenn es im Folgenden
um die überwiegend visuellen Aspekte des
digitalen Layouts geht.

Wahrnehmung des Layouts

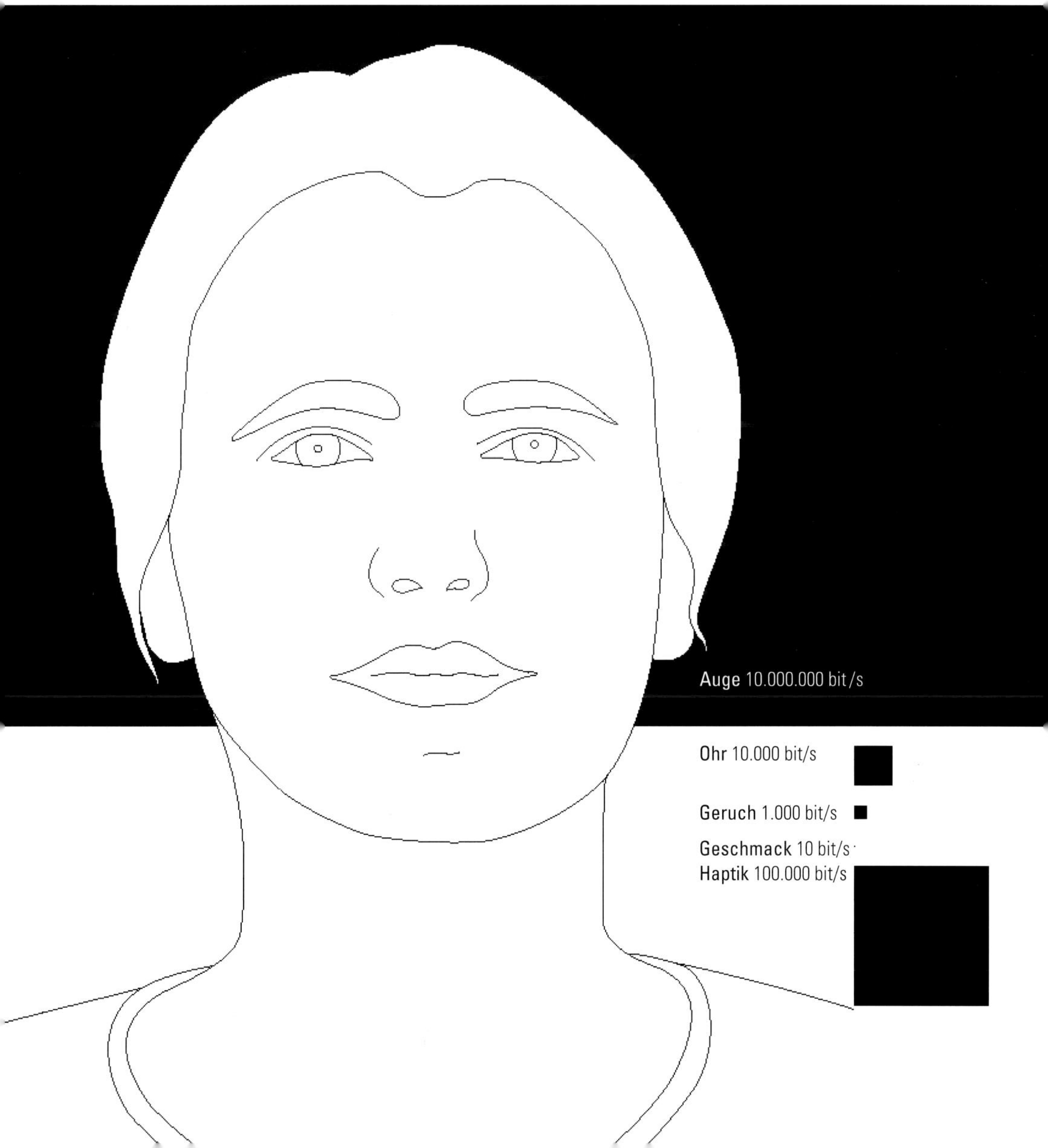
Auge 10.000.000 bit/s
Ohr 10.000 bit/s
Geruch 1.000 bit/s
Geschmack 10 bit/s
Haptik 100.000 bit/s

Layout, die Erfahrung

3.2.1
Wahrnehmung
des Layouts

Wahrnehmung –
kein Zufall

Wahrnehmung – kein Zufall

Die Welt der digitalen Medien bietet uns eine große Vielfalt neuer Möglichkeiten und Eindrücke, aber zumindest bei unseren Wahrnehmungsgewohnheiten stellen wir immer wieder fest, dass diese noch stark mit der Welt der klassischen Medien verwoben sind.
Digitale Medien sind Interessensmedien. Das heißt, dass wir uns angesichts der interaktiven Möglichkeiten oft völlig frei von unseren Interessen leiten lassen und nur das wahrnehmen, was uns wirklich zu interessieren scheint. Stärker als zum Beispiel bei linearen Medien, wie dem Film oder einem klassischen Buch, stellt bei den selektiv wahrgenommenen digitalen Medien die

Aufmerksamkeit
Größer, heller, schneller, lauter? Nicht nur. Auch subtile Reize rufen Aufmerksamkeit hervor, indem sie mentale Grundmuster, zum Beispiel den Orientierungsreflex, ansprechen. Wichtig dabei ist: Werden mehrere Reize gleichzeitig eingesetzt, können sie sich verstärken oder gegenseitig aufheben.

Intensität
Größe, Helligkeit, Geschwindigkeit oder Lautstärke aktivieren den Orientierungsreflex – umso mehr, je stärker sie sind.

Ausnahme
Reize, die sich von ihrem Umfeld abheben, die eine Serie unterbrechen, fallen besonders auf.

Magic 7
Die «magische 7», wie sie selbst von gestandenen Kognitionswissenschaftlern genannt wird, bezeichnet den Umstand, dass lediglich etwa 7 (+/-2) unabhängige Informationseinheiten im Kurzzeitgedächtnis verarbeitet werden können. Wer diese Form von Überschaubarkeit bei seiner Layoutgestaltung berücksichtigt, kann die Benutzerfreundlichkeit entscheidend verbessern.

Gruppenbildung (Chunking)
Die Organisation von Informationen in erfassbare Sinneinheiten; erst die zweite der Zahlenreihen lässt sich verarbeiten.

Gliederung der Rubriken
Eine überschaubare Anzahl von Rubriken vereinfacht die Orientierung und ermöglicht die spontane Differenzierung in verständliche Einheiten.

17891918194519892001

1789 1918 1945 1989 2001

Der Prozess der Wahrnehmung
Die Wahrnehmung besteht aus einem Ablauf verschiedener Wahrnehmungsereignisse. Der Weg von den Sinnesorganen in die verarbeitenden Bereiche im Gehirn und schließlich die Schlussfolgerung ist eine Frage von wenigen Sekunden. Durch die Aufbereitung des Layouts lässt sich dieser Prozess einfach oder komplex gestalten: Verständliche und klare Ausdrucksformen beschleunigen, rätselhafte und undurchsichtige erschweren den Wahrnehmungsprozess.

Sensorische Empfindung
Licht wird aufgenommen und in neuronale Aktivität von Gehirnzellen umgewandelt.

Perzeption
Die Repräsentation des Wahrgenommenen, das «Perzept», wird einem vorläufigen Bild zugeordnet.

Aufrechterhaltung von Interesse eine ständige Herausforderung dar. Für die Arbeit am Layout bietet sich zur Interessenssteuerung eine ganze Reihe unterschiedlicher Instrumente an, und es scheint zunächst einfach zu sein, auf die spektakulären, lauten und penetranten zurückzugreifen – was leider oft genug der Fall ist. Das Spektrum der Wahrnehmungssteuerung hat aber noch anderes zu bieten: Differenzierungsformen, die durch das Unbekannte oder auffällig Zurückhaltende subtilere Akzente setzen und dabei ebenso ansprechende Reize im Gehirn auslösen. Das Spiel mit dem Unbekannten fordert die permanente Neugier heraus und eignet sich wunderbar als Alternative zum visuellen Donnerwetter, vor dem man oft genug schnellstmöglichen Schutz sucht.

Neuartigkeit
Lässt sich im Wahrnehmungsprozess Neuartiges nicht auf Anhieb einordnen, erweckt dies Aufmerksamkeit.

Irritation
Auch Abweichungen von bekannten Mustern provozieren unsere Aufmerksamkeit.

Instinkt
Gesten, Gesichter oder auch sexuelle Reize sind angeborene Auslöser für Aufmerksamkeit.

Navigation
Eine größere Zahl von Elementen lässt sich durch Hierarchisierung und Gruppenbildung zu überschaubaren Einheiten zusammenfassen.

Strukturierung nach Einheiten
Auch bei der modularen Aufbereitung der Layoutfläche gilt es, Übersichtlichkeit zu bewahren. Denn nur eine begrenzte Anzahl von Modulen lässt sich schnell erfassen.

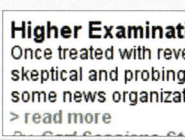

Textkodierung
Zu viele typografische Auszeichnungen können schlecht auseinander gehalten werden und sind dann kaum noch einer Bedeutung zuzuordnen.

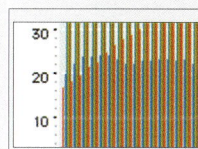

Farbkodierung
Besonders am Bildschirm ist die Erinnerung zu vieler Farbkodierungen praktisch unmöglich. Es empfiehlt sich, deutlich unter der «magischen 7» zu bleiben.

Klassifikation
Das vorläufige Bild wird mit bekannten Mustern verglichen, eingeordnet und verstanden.

Der erste Eindruck
Zum Beispiel sympathisch oder unsympathisch, interessant oder langweilig.

Action

Layout, die Erfahrung

3.2.2
Wahrnehmung
des Layouts

Hören und Berühren
im Layout

Hören und Berühren im Layout

Dort, wo die klassischen Medien ihre Grenzen haben, wird es bei den digitalen Medien erst richtig spannend: Dynamik, Ton, Interaktivität. Aber inwiefern kann zum Beispiel der Ton den Wahrnehmungsprozess im Layout beeinflussen? Ton und Bild gehen vielfach eine direkte Verbindung ein, weil sie in unserer Erinnerung bereits als Erfahrung gespeichert sind. Das Bild vom karibischen Strand mit der passenden Musik weckt bei uns sofort eine emotionale Reaktion – genauso wie es bei einer unpassenden Musik zu Irritationen kommen wird.

Stimmung: www.batida.com

Zum richtigen Karibik-Feeling gehört die passende Musik. Zumindest lässt sich dadurch wunderbar der visuelle Eindruck eines Layouts verstärken. Musik als Auslöser von Gefühlen macht die digitalen Medien ungleich wirkungsvoller als die Printmedien.

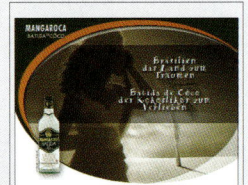

Information: Coloreader

Das Projekt «coloreader» des Designers Daniel Rothaug übersetzt Farben in akustische Dreiklänge. RGB-Farbwerte werden in die Kanäle Rot, Grün und Blau zerlegt und mathematisch auf eine oder mehrere Oktaven transkribiert. Visuelle Informationen können so auf einer akustischen Wahrnehmungsebene erfahrbar gemacht werden.

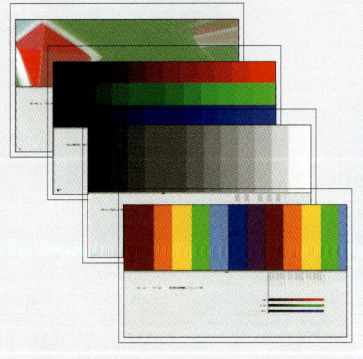

www.audiotourism.com

Originaltöne vervollständigen das visuelle Bild.

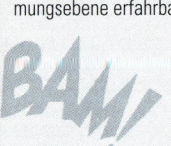

Auditive Icons

Töne entsprechen einem realen Geräusch und verdeutlichen eine Handlung am Bildschirm. Sie verstärken und bestätigen die Erfahrung bei der Interaktion.

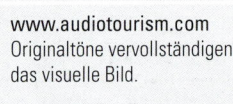

Earcons

Diese Töne dienen der auditiven Kennzeichnung von Handlungen am Bildschirm. Da sie keinem realen Bezug unterliegen, tragen sie zu einer Erweiterung der Erfahrung bei.

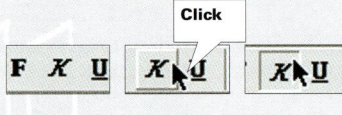

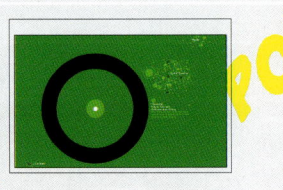

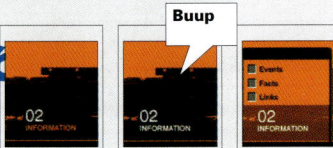

Töne können aber auch das, was wir im Layout sehen, in seinem Informationsgehalt vervollständigen: Der erläuternde Text oder das Originalgeräusch eines Ereignisses machen aus dem Bild eine Mehr-Wert-Information. Und Töne können als auditive Markierungen zu einer besseren Differenzierung in unserer Wahrnehmung beitragen – was zum Beispiel auf der visuellen Ebene im Layout nicht möglich oder erwünscht ist.

Taktile Eigenschaften im digitalen Layout werden im Wesentlichen durch die physischen Eigenschaften des Interface bestimmt. In den meisten Fällen wird dies der mechanische Widerstand der Maustaste, des Joysticks oder einer berührungsempfindlichen Oberfläche sein. Die Art und Weise, wie zum Beispiel eine Taste oder ein Schieberegler funktioniert, ist uns aus der realen Welt bekannt. Eine entsprechende Darstellung auf dem Display vermittelt uns augenblicklich die gleiche Funktion – nicht weniger, aber auch nicht mehr.

Simulierte Eigenschaften
Das nächstliegende Prinzip eines Transfers der realen in die virtuelle Welt: Dreidimensionale Erscheinungsformen werden auf das Display übertragen, um funktionale Eigenschaften zu vermitteln.

Bitte berühren!
Die Abbildung realer, physikalischer Eigenschaften wie dreidimensionale Erhebungen oder die Riffelung einer Fläche verdeutlichen, dass es etwas anzuklicken oder zu bewegen gibt.

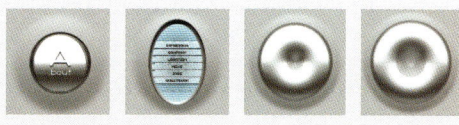

www.gsup.de
Wer lange genug mit der Maus über die Fläche «rubbelt», legt damit ein Bild frei. Ein Prinzip, das mit der Neugier der Benutzer spielt und die mechanische Wirkung von Reibung auf das Display transformiert.

www.yugop.com
Die Computermaus wird zum digitalen Pinsel im virtuellen Raum. Irgendwie ein bekanntes Prinzip – aber doch ganz anders. Reale Prozesse werden nicht einfach nachgebildet, sondern um Eigenschaften und Wirkungen erweitert, die in der physischen Realität unmöglich wären.

Sehen im Layout

Unter normalen Umständen sind unsere Augen
ungemein leistungsfähig – und gleichermaßen
empfindlich. Das Betrachten eines selbst leuch-
tenden Displays strengt die Augen mehr an als
ein reflektierender Informationsträger wie Papier.
Farben und Kontraste werden auf dem Display
intensiver wahrgenommen, Helligkeitsunterschie-
de zum Umgebungslicht gilt es permanent aus-
zugleichen, und dynamische Bestandteile müssen
häufiger fokussiert werden. Viele Fragen, die
sich daraus für das Layout ergeben, lösen wir
während des Entwurfsprozesses intuitiv aufgrund
unserer persönlichen Erfahrung und unseres
persönlichen Geschmacks.

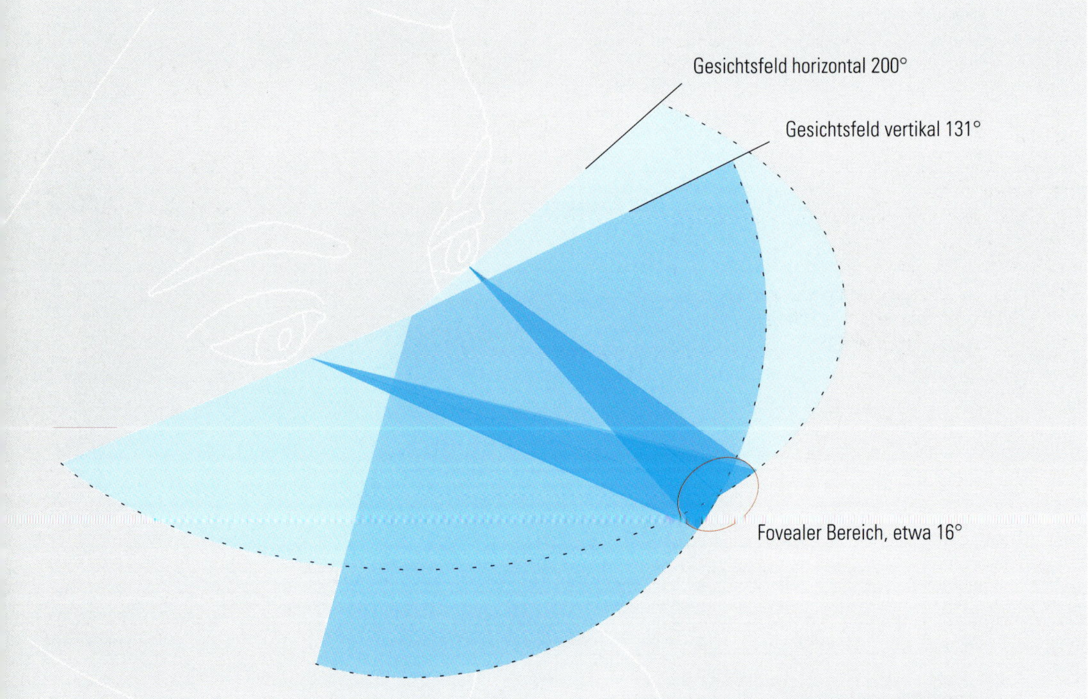

Gesichtsfeld horizontal 200°

Gesichtsfeld vertikal 131°

Fovealer Bereich, etwa 16°

Fovealer Bereich
Bei einem Abstand von etwa 50 cm zum
Display befindet sich zwar die gesamte
Layoutfläche im Gesichtsfeld, aber nur ein
Feld (Fovealbereich) von rund 15 x 2,5 cm
kann auf einen Blick scharf erfasst werden.
Layoutelemente, die größer sind als dieses
Feld, werden zeilenweise von oben nach
unten «gescannt». Sollen bestimmte Ele-
mente schnell erfassbar sein, macht es Sinn,
diese an der Größe des Fovealbereiches
auszurichten.

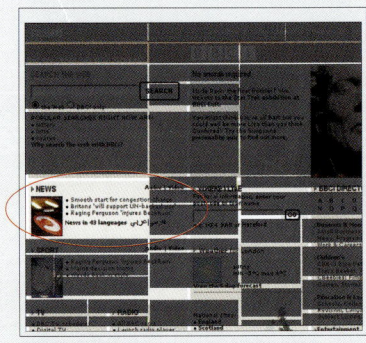

Dabei neigen wir schnell zur Überforderung des tatsächlichen Sehvermögens der Benutzer. Die Richtlinien gängiger Studien zur Benutzerfreundlichkeit sind zudem so vielfältig wie die untersuchten Anwendungsfälle. Aber schon der Blick auf die physiologischen Eigenschaften des Auges kann bei den grundsätzlichen Fragen ein ganzes Stück weiter helfen.

Randkontrastverstärkung

In kontrastreichen Bereichen, zum Beispiel schwarz-weißen Kanten, verstärkt das Auge die Kontraste (Randkontrastverstärkung), um das Sichtbare noch differenzierter wahrnehmen zu können. Wir kennen diesen Effekt vom «Hermann'schen Gitter», bei dem graue Schnittstellen entstehen, wo eigentlich gar keine sind.
Ähnliches passiert auch mit den sichtbaren Pixeln auf dem Display: An den Rändern verstärkt das Auge den Kontrast, weshalb uns die Treppeneffekte oft besonders auffallen. Dagegen helfen nur zwei Mittel: Verringerung der Kontraste, wie es durch das Anti-Aliasing erfolgt. Oder eine entsprechend hohe Auflösung, damit durch kleinere Pixel weniger Kontrastkanten entstehen und somit die Darstellung insgesamt ruhiger wird.

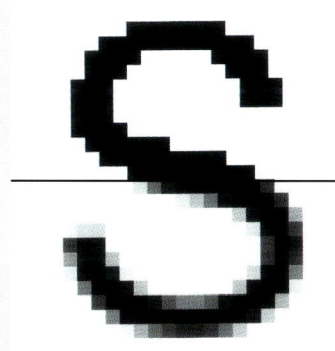

Hermann'sches Gitter

Auflösung einer Darstellung

Die Zusammensetzung eines Bildes aus Pixeln bewirkt, dass wir beim Betrachten eines Layouts eigentlich zwei Dinge sehen: das Erscheinungsbild des Layouts und die technische Beschaffenheit der Darstellung. Je nach Betrachtungsabstand und Auflösung des Displays fällt dieser Effekt unterschiedlich stark auf – das Ideal bleibt natürlich die Darstellung ohne auflösungsbedingten Charakter.

Auflösungsvermögen des Auges

Das Auflösungsvermögen des Auges beträgt ca. 0,0016 Grad des Gesichtsfeldes. Das bedeutet, dass wir zum Beispiel noch auf 10 Meter Entfernung eine Fläche von ca. 2 x 2 Millimetern sehen können – und umgekehrt, dass ein Monitor auf unserem Schreibtisch eine Auflösung von ca. 175 dpi haben müsste, damit wir die Pixel seiner Darstellung nicht mehr sehen können.

Betrachtungsabstand

Auflösungen, bei denen die Pixel oder Rasterpunkte einer Darstellung nicht mehr sichtbar sind.

Abstand	0.25 m	0.5 m	5 m	10 m
Auflösung	350 dpi	175 dpi	20 dpi	10 dpi

Layout, die Erfahrung

3.2.4
Wahrnehmung
des Layouts

Wahrnehmung:
Typografie

Wahrnehmung: Typografie

Neben dem visuellen Eindruck einer Schrift ist deren mediengerechte Anwendung auf dem Display ein zentrales Thema in der Layoutgestaltung. Die Aspekte der subjektiven Schrift-Wahrnehmung lassen sich dabei kaum von denen der technischen Darstellung trennen. Egal für welchen Schrifttyp man sich entscheidet, die Eignung für das gewählte Medium muss in jedem Fall eingehend in Versuchsreihen geprüft werden. Verschiedene Faktoren beeinflussen das Lesen von Text auf dem Display entscheidend: Neben den auflösungsbedingten Einschränkungen ist es im Wesentlichen die Tatsache, dass Text in den allermeisten Fällen mit deutlich mehr visuellen

Schriftart und Schriftgröße

Serifenlose Schriften sind in kleineren Schriftgrößen auf dem Display besser darstellbar und lesbar. Serifenschriften können bei kleinen Schriftgrößen an Konturenschärfe verlieren. Von der Wahl der Schriftgröße hängt die saubere Darstellung des Bitmaps auf dem Display ab; so ist zum Beispiel ein Font in 13 Punkt Schriftgröße zwar größer als in 12 Punkt, das Bitmap kann unter Umständen jedoch viel unregelmäßiger auf der starren Pixelmatrix des Displays dargestellt werden. Grundsätzlich gilt die Regel: Schriften genau auf ihr Bitmap hin prüfen. Je höher die Auflösung des Displays, desto unproblematischer können unterschiedliche Schriften eingesetzt werden. > 3.2.3

Sabon Roman, ungeglättet/geglättet		Univers 55, ungeglättet/geglättet		Punkt
Hedgow	Hedgow	Hedgow	Hedgow	4
Hedgow	Hedgow	Hedgow	Hedgow	6.5
Hedgow	Hedgow	Hedgow	Hedgow	7
Hedgow	Hedgow	Hedgow	Hedgow	8.5
Hedgow	Hedgow	Hedgow	Hedgow	13
Hedgow	Hedgow	Hedgow	Hedgow	9
Hedgow	Hedgow	Hedgow	Hedgow	11
Hedgow	Hedgow	Hedgow	Hedgow	12.5
Hedgow	Hedgow	Hedgow	Hedgow	14

Zeilenabstand

Es empfiehlt sich, für die Darstellung auf dem Display einen etwas größeren Zeilenabstand zu wählen: etwa 140% der Schriftgröße sind ein guter Richtwert, der ein ruhiges Textbild ergibt. Deutlich größere Zeilenabstände können hingegen dazu führen, dass beim Zeilensprung während des Lesens der Anfang der folgenden Zeile aus dem Blick gerät.

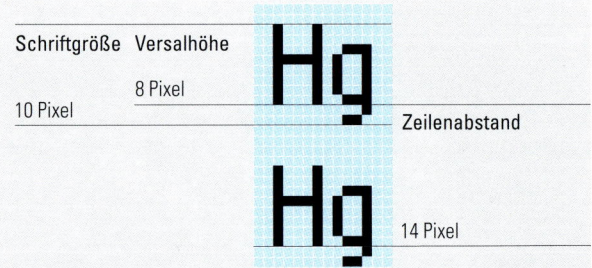

Schriftgröße   Versalhöhe

10 Pixel   8 Pixel

Zeilenabstand

14 Pixel

Zeilenlänge

Auf dem Display sind Zeilenlängen ideal, die möglichst auf einen Blick vom Auge erfasst werden können. Bei diesem Beispiel sind es etwa 45–55 Zeichen pro Zeile. Kürzere Zeilen können dazu führen, dass durch zu viele Zeilensprünge der Inhalt «auseinander gerissen» wird, zu lange Zeilen erschweren das Finden des Anfangs der folgenden Zeile.

```
    5   10   15   20   25   30   35   40   45   50
Lorem ipsum dolor sit amet, consectetuer adipiscing
sed diam nonummy nibh euismod tincidunt ut laoreet
dolore magna aliquam erat volutpat. Ut wisi enim
ad minim veniam, quis nostrud exerci tation ullamcor
per suscipit lobortis nisl ut aliquip ex ea commodo.
Duis autem vel eum iriure dolor in hendrerit in vulp
utate velit esse molestie consequat, vel illum dolore
    5   10   15   20   25   30   35   40   45   50
```

Eindrücken konkurriert, als es zum Beispiel in den Printmedien der Fall ist. Dies hat mit dazu geführt, dass sich die Lesegewohnheiten auf dem Display den Lesebedingungen angepasst haben. Text wird mehr selektiv überflogen als linear gelesen. Das Auge befindet sich permanent auf der Suche nach markanten Fixierpunkten, die das schnelle «Anlesen» von Texten ermöglicht. Und dort, wo tatsächlich längere Passagen gelesen werden, funktioniert das am besten, wenn die äußeren Einflüsse auf ein Minimum reduziert werden.

Textgliederung

Absätze machen einen Text übersichtlicher und wecken die Lust am Lesen. Wo es inhaltlich sinnvoll ist, sollten daher Absätze eingefügt werden – und auch darüber hinaus helfen hin und wieder kurze «Lesepausen». Dagegen eignen sich unstrukturierte Textwüsten bestenfalls zum Verhindern von Lesen.

Lorem ipsum? Dolor sit amet, consectetuer adipiscing nonummy nibh euismod tincidunt ut laoreet dolore magna erat volutpat. Ut wisi enim ad minim veniamquis nostrud ullamcorper suscipit lobortis nisl ut aliquip ex ea.

Duis autem vel eum iriure dolor in hendrerit in vulputate molestie consequat, vel illum dolore eu feugiat nulla eros et accumsan et iusto odio dignissim qui blandit pra zzril delenit augue duis dolore te feugait nulla facilisi. dolor sit amet, consectetuer adipiscing elit, sed diam euismod tincidunt ut laoreet dolore magna aliquam erat

Ut wisi enim? Ad minim veniam, quis nostrud exerci suscipit lobortis nisl ut aliquip ex ea commodo consequat. Autem vel eum iriure dolor in hendrerit in vulputate esse.

Groß-/Kleinschreibung

Die gemischte Schreibweise aus Groß- und Kleinbuchstaben verhilft den einzelnen Wörtern zu einem charakteristischen Schriftbild, das sie beim Lesen leichter differenzierbar macht. Die Wortbildung ausschließlich aus Großbuchstaben verlangsamt den Lesefluss hingegen deutlich.

Lorem ipsum dolor sit amet, consectetuer adipiscing sed diam nonummy nibh euismod tincidunt ut laoreet dolore magna aliquam erat volutpat. Ut wisi enim

LOREM IPSUM DOLOR SIT AMET, CONSECTETUER ADIPISCING SED DIAM NONUMMY NIBH EUSIMOD TINCIDUNT UT LAOREET DOLORE MAGNA ALIQUAM ERAT VOLUPTAT. UT WISI ENIM

Textausrichtung

Die linksbündige Ausrichtung von Lesetexten ergibt die beste Lesbarkeit. Durch das Flattern rechts wird das Auge schnell an den Anfang der folgenden Zeile geführt. Bei rechtsbündigem Satz kehrt sich dieser Effekt ins Gegenteil um. Beim Blocksatz sind die Wortabstände verschieden groß: Hier gerät auch noch der Lesefluss in der Zeile aus dem Takt.

Lorem ipsum dolor sit amet, consectetuer adipiscing elit, sed diam nonummy euismod tincidunt ut laoreet dolore magna aliquam erat.

Ut wisi enim ad minim veniam, quis nostrud exerci tation ullamcorper suscipit lobortis nisl ut aliquip ex ea commodo consequat. Duis autem vel eum iriure dolor in hendrerit in vulputate velit esse molestie

Lorem ipsum dolor sit amet, consectetuer adipiscing elit, sed diam nonummy nibh euismod tincidunt ut laoreet dolore magna aliquam erat.

Ut wisi enim ad minim veniam, quis nostrud exerci tation ullamcorper suscipit lobortis nisl ut aliquip ex ea commodo consequat. Duis autem vel eum iriure dolor in hendrerit in vulputate velit esse molestie

Lorem ipsum dolor sit amet, consectetuer adipiscing elit, sed diam nonummy nibh euismod tincidunt ut laoreet dolore magna aliquam erat.

Ut wisi enim ad minim veniam, quis nostrud exerci tation ullamcorper suscipit lobortis nisl ut aliquip ex ea commodo consequat. Duis autem vel eum iriure dolor in hendrerit in vulputate velit esse molestie

Schriftkontrast

Negativer und positiver Text sind nahezu gleich gut lesbar. Weißer Text auf dunklem Grund wirkt durch die Überstrahlung im Kantenkontrast geringfügig größer. Ein Maximalkontrast, zum Beispiel Schwarz/Weiß, sollte vermieden werden, eine behutsame Abschwächung wird von den meisten Lesern als angenehmer empfunden, da das Schriftbild ruhiger wahrgenommen wird.

Lorem ipsum sed diam n dolore mag

Lorem ipsum sed diam n dolore mag

Lorem ipsum sed diam n dolore mag

Lorem ipsum sed diam n dolore mag

Lorem ipsum sed diam n dolore mag

Lorem ipsum sed diam n dolore mag

Lorem ipsum sed diam n dolore mag

Lorem ipsum sed diam n dolore mag

Layout, die Erfahrung

3.2.5
Wahrnehmung
des Layouts

Wahrnehmung:
Farbe

Wahrnehmung: Farbe

Die Wahrnehmung von Farben löst beim Betrachter immer emotionale Reaktionen aus. Das macht sie zu einem äußerst mächtigen Informationsübermittler in der Layoutgestaltung. Emotionale Reaktionen lassen sich selten oder gar nicht verallgemeinern. Was für den einen vielleicht ein freundlich-frisches Hellgrün ist, kann für den anderen bereits ein unerträgliches Giftgrün sein. Dabei sind die persönlichen Geschmäcker nur ein Teil der individuellen Farbwahrnehmung. Beeinflusst wird sie auch durch den inhaltlichen Kontext oder das kulturelle Umfeld. Einige Aspekte der Farbwahrnehmung können jedoch als verlässliche Größen in die

Unterschiedliche Wahrnehmung von Farben

Farbspektrum
Das Auge verarbeitet Licht aus einem breiten Wellenbereich: von 780 nm (Rot) bis 380 nm (Violett).

Die Retina
Auf der Retina befinden sich die für die Farbwahrnehmung verantwortlichen Rezeptoren. Allerdings verteilt sich ihre Empfindlichkeit nicht gleichmäßig über den gesamten Wellenbereich: 64% sind vor allem für Rot empfänglich, 32% für Grün und nur 2% für Blau.

Unterschiedliches Farbempfinden
Die ungleiche Verteilung der Rezeptoren bewirkt eine ungleiche Wahrnehmung von Farben. Deshalb besitzt Rot eine deutlich höhere Signalwirkung als unbunte Farben wie Schwarz, Weiß oder Grau.

www.samsung.com
Nicht unbedingt bunt, aber trotzdem mit hoher Signalwirkung – Rot als visueller Reizfaktor.

www.haiku.it
Ganz bestimmt unbunt, aber keineswegs farblos – schöne, farbige Welt zwischen Weiß und Schwarz.

Quantitätstabelle

16.000.000	Farben sind theoretisch vom Menschen wahrnehmbar.
192.000	Farbtöne lassen sich unterscheiden.
10.000	Farbabstufungen sind am Display tatsächlich wahrnehmbar.
200	Für etwa 200 Farbabstufungen können wir Farbnamen bilden.
7	Farbwerte lassen sich maximal nach einigen Sekunden noch erinnern.

Layoutgestaltung einbezogen werden, insbesondere wenn es um Signalwirkungen, Merkfähigkeit oder Kontrastwahrnehmungen geht. Die Tatsache, dass Farbe in den digitalen Medien praktisch «umsonst» eingesetzt werden kann, macht die Layoutgestaltung nicht unbedingt einfacher. Oft ist genau das Gegenteil der Fall: In der überwiegend bunten Welt der digitalen Medien wird der gekonnte Umgang mit Farbe zur besonderen Herausforderung – der am besten mit der Berücksichtigung elementarer Grundlagen der Farbwahrnehmung begegnet wird.

Kontraste

Voraussetzung für die differenzierte Wahrnehmung einer Gestalt ist deren «kontrastierende» Darstellung. Erst dann wird zum Beispiel Schrift lesbar oder ein Bild erkennbar. Bei Kontrasten denken wir automatisch an die bekannten, wie den Komplementär- oder den Hell-Dunkel-Kontrast. Es gibt aber noch mehr:

Komplementär-Kontrast
Komplementäre Farben ergeben die deutlichste Kontrastwirkung. Dies gilt besonders für die Grundfarben-Paarungen Gelb-Violett, Grün-Rot und Blau-Orange.

Simultan-Kontrast
Farben werden vom Auge «korrigiert», um sie deutlicher vom Hintergrund unterscheiden zu können: So erscheint die gleiche Farbe mal heller oder dunkler.

Qualitäts-Kontrast
Wird auch als Intensitäts-Kontrast bezeichnet: Eine reine Farbe erscheint intensiver, wenn sie im Umfeld aufgehellter oder abgedunkelter Tonwerte steht.

Quantitäts-Kontrast
Farben werden unterschiedlich intensiv wahrgenommen. Verschieden farbige Flächenanteile können dadurch eine kontrastreiche Spannung erzeugen.

Hell-Dunkel-Kontrast
Dunkle Farbflächen werden intensiver und größer wahrgenommen als Flächen einer hellen Farbe. Je stärker der Unterschied, desto größer die Signalwirkung.

Kalt-Warm-Kontrast
Zielt auf die unterschiedlichen emotionalen Qualitäten einzelner Farben ab, die als «kalt» oder «warm» empfunden werden. Kalte Farben wirken zudem fern, warme Farben nah.

Kulturelle Bedeutungen

Während Rot in China für Glück steht, ist es in Ägypten die Farbe der Trauer: Besonders im Internet gilt es, diese unterschiedlichen Bedeutungen im Auge zu behalten und abzuwägen, wann eine kulturelle Adaption der Farbgebung angemessen ist – und wann nicht.

Glück	Tod/Trauer	Stärke	Gefahr	Tugend	Religion
China	Ägypten	Japan	USA	Europa	Buddhismus
Ägypten	Indien	Arabische Länder	Europa	USA	Islam
Japan	China	USA	Japan	Indien	
Deutschland	Japan	Europa		Arabische Länder	
Ghana	Europa	Ägypten			
Brasilien	USA	Malaysia			
Pakistan	Afrika				

			Wohlstand	Modernität	Sicherheit
			China	Japan	USA
			Indien	Europa	Europa

Farbe: Adaption

Das Markenbild von Coca-Cola baut neben dem Schriftzug vor allem auf die Farbe Rot. Im westlichen Kulturraum dominiert sie das Erscheinungsbild (Beispiel Brasilien), in der Türkei und in China ist die Farbe deutlich zurückgenommen.

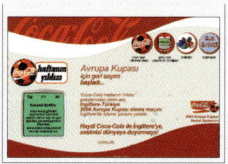
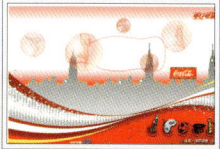

Layout, die Erfahrung

3.2.6
Wahrnehmung
des Layouts

Wahrnehmung:
Orientieren

Wahrnehmung: Orientieren

Die gute Nachricht zuerst: Das Orientierungsvermögen in einem Layout ist deutlich anpassungsfähiger als man annehmen möchte – zumindest in einem Medium, in dem die Nutzer bereits aus Erfahrung mit ständig neuen Anforderungen rechnen. Und nun die schlechte Nachricht: Diese Bereitschaft zur Anpassung zeigt schnell ihre Grenzen, wenn sie nicht zügig zum Erfolg führt. So lässt sich in knappen Worten zusammenfassen, was wir aus zahlreichen Usability-Studien lernen können.

Mentale Modelle

Wo bin ich? Wie komme ich dahin, wo ich hinwill? Wie komme ich zurück zu meinem Ausgangspunkt? Was sind meine Optionen? Das sind die zentralen Fragen bei der Orientierung. Ein mentales Modell der Umgebung bildet die Grundlage, auf der sich diese Fragen beantworten lassen. Das Layout kann dem Nutzer helfen, ein möglichst zutreffendes mentales Modell zu entwickeln.

www.allegra.de

Die Etagen-Metapher spricht ein vertrautes Orientierungsmuster an und erleichtert so das Verständnis der Struktur.

www.mvrdv.nl

Die inhaltliche Struktur ist hier das Thema der Startseite – auch abstrakte Visualisierungen der Systemstruktur erlauben die Bildung eines passenden mentalen Modells.

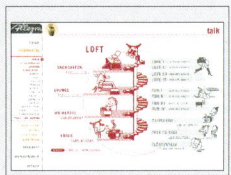

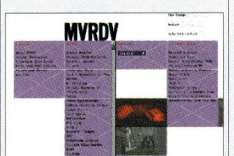

Die richtige Balance

Entscheidend für den richtigen Aufbau einer digitalen Anwendung ist die optimale Anpassung der Struktur an die bereitgestellten Inhalte. Die strikte Orientierung an schematischen Strukturen führt leider oft zu wenig stimmigen Ergebnissen. Das bewährte 7(+/-2)-Schema (siehe Seite 128) kann daher nur eine Hilfestellung sein, um die Übersichtlichkeit und Merkfähigkeit einer inhaltlichen Struktur zu fördern.

Tiefe Struktur

Bietet auf einer Ebene nur wenige Auswahlmöglichkeiten an und ist deshalb schneller zu erfassen. Aber: Sie fordert mehr Richtungsentscheidungen vom Nutzer und es sind mehr Ebenen und mehr Schritte notwendig, um zum eigentlichen Ziel zu gelangen.

Breite Struktur

Bietet mehr Auswahlmöglichkeiten an und führt über weniger Ebenen und in weniger Schritten zur gewünschten Information. Aber: Werden die Optionen nicht präzise benannt oder schlecht gegliedert, wird die Struktur schnell unübersichtlich.

Für die Layoutgestaltung bedeutet dies: Eine konforme Anpassung von Layoutstrukturen an konventionelle Muster ist nicht unbedingt erforderlich, wenn auch eine «überraschende», neuartige Struktur vom Nutzer schnell verstanden werden kann. Theoretisch hört sich das einfach an, doch was bedeutet es praktisch? Entscheidend ist hier zu wissen, dass jeder Anwender in einem kognitiven Prozess ein «mentales Modell» seiner Umgebung – zum Beispiel einer besuchten Website – entwickelt. Dieses Modell ermöglicht ihm die Orientierung über Inhalt, Struktur und Funktionsweisen einer digitalen Anwendung. Je besser das mentale Modell des Nutzers mit der realen Struktur übereinstimmt, desto schneller und effektiver findet er sich zurecht.

Dies kann über die Verwendung von Metaphern erreicht werden: Der Schreibtisch, wie wir ihn von verschiedenen Computer-Betriebssystemen her kennen, ist wohl das vertrauteste Beispiel. Doch allzu enge Bezüge zur Realität können sich als zu beschränkt erweisen und den Blick auf Neuartiges und Grenzüberschreitendes verstellen. Denn entscheidend für die Herausbildung eines zutreffenden mentalen Modells ist es, die vorliegenden Strukturen transparent zu machen – und das kann durchaus auch in abstrakter Form geschehen.

Blickverlauf

Die meisten Untersuchungen zum Blickverlauf auf Websites zeigen, dass dieser schemagesteuert ist: Zuerst wird in die Mitte geblickt, dann in die linke und schließlich in die rechte obere Ecke. Dies lässt sich zumindest für unbekannte Angebote verallgemeinern. Sind die Eigenschaften des Layouts hingegen durch den wiederholten Besuch bereits bekannt, werden vertraute Bereiche des Layouts direkt in das Blickfeld genommen.

Präferenz

Text oder Bild? Der ewige Wettbewerb scheint zumindest dort entschieden zu sein, wo es um aktuelle Informationen geht: Auf Nachrichtenseiten und Portal-Sites mit vielen Bestandteilen werden die Headlines eindeutig dem Bild vorgezogen.

Relevanz

An die Abfolge von Inhalten gibt es klare hierarchische Erwartungen: Das Wichtigste, das Aktuelle steht oben. Und umgekehrt: Für nachfolgende Inhalte wird eine geringere Relevanz erwartet – erst recht, wenn sie außerhalb des sichtbaren Fensters stehen.

Akzente

Beim Erfassen von digitalen Informationen spricht man eher vom «Scannen» als vom Lesen. Deshalb muss ein digitales Layout entsprechend viele Anknüpfungspunkte, zum Beispiel typografische oder grafische Hervorhebungen, für einen schnellen Überblick bieten.

Barrierefreiheit

Barrierefreiheit meint, dass bei der Aufbereitung digitaler Medien die Bedürfnisse und Notwendigkeiten behinderter Anwender besondere Beachtung finden. So weit das Spektrum physischer, mentaler und sinnlicher Einschränkungen reicht, so weit ist auch dieses Themengebiet. Bei der Layoutgestaltung gibt es einige zentrale Aspekte, die insbesondere im Zusammenhang mit der menschlichen Wahrnehmung erörtert werden sollten.

Barrierefreiheit ist Notwendigkeit und Chance zugleich. Sie bietet die Gelegenheit, den eigenen Gestaltungsentwurf einmal mehr auf seine grundsätzliche logische Konsistenz und Verständlich-

Farbwahl

Farb-Fehlsichtigkeiten, vor allem die Rot-Grün-Blindheit, sind relativ weit verbreitet. Dabei können nen gelb-grüne und rot-orange Farbwerte nur schlecht unterschieden werden. Damit Farbwerte unterscheidbar bleiben, sollten sie einen deutlichen Kontrast aufweisen. Durch die Betrachtung eines Layouts in Graustufen lässt sich dies einfach testen.

Textformate

Screen-Reader setzen geschriebenen Text in gesprochene Sprache um – für stark sehbehinderte Menschen oft die einzige Möglichkeit, digitale Medien zu nutzen. Dafür muss der Text (und in diesem Fall auch die Navigation) in einem lesbaren Format (zum Beispiel ASCII) in das Layout eingebunden werden.

Unabhängigkeit von der Maus

Für Nutzer, deren Motorik so eingeschränkt ist, dass sie nicht mit der Maus navigieren können, lässt sich eine Site über festgelegte Tab-Abfolgen zugänglich machen. So kann man zum Beispiel allein mittels Tastatur durch die Site navigieren. Der angewählte Link ist zusätzlich visuell kenntlich gemacht.

keit hin zu überprüfen – worauf nicht nur Menschen mit Behinderungen, sondern die Masse der Anwender einen Anspruch haben. Grundsätzlich gibt es zwei Möglichkeiten, entsprechende Layouts anzubieten: Die Vorgaben werden innerhalb eines Layouts eingehalten, oder es wird ein zweigleisiges System entwickelt, bei dem ergänzend eine stark reduzierte Nur-Text-Variante angeboten wird. Diese ist zwar meistens einfacher zu realisieren, wird aber zu Recht als ausgrenzend empfunden.

Barrierefreiheit bezieht sich auf den Umgang mit den Navigations-, Funktions-, Orientierungs- und Strukturierungselementen des Interface. Und auf alle weiteren Elemente, die zum Erfassen der angebotenen Informationen benötigt werden.

Umgekehrt leisten «barrierefreie» Schmuckelemente oder Gimmicks keinen sinnvollen Beitrag. Problematisch wird es immer dann, wenn Barrierefreiheit nachträglich in ein fertig gestelltes Interface implementiert werden soll. Technisch gesehen sollte dank rechtzeitiger Planung jedes Layout barrierefrei realisierbar sein. Dabei hilft es, über technische Funktionen Bescheid zu wissen, mit denen der Anwender der Barrierefreiheit näher kommen kann: Browser, Hilfefunktionen der Betriebssysteme oder unterstützende Ein- und Ausgabemedien.

Lesbare Bilder
Visuelle Informationen können durch Beschreibungen der Bilder zumindest teilweise ersetzt werden. Die Bildtexte werden zum Beispiel als Alternate-Tag in den HTML-Code eingebunden und ermöglichen das Auslesen durch einen Screen-Reader. Besonders wichtig ist dies dann, wenn die Navigation in Form von Bildern vorliegt.

Äquivalente Inhalte
«Titles» bieten eine weitere Möglichkeit, visuelle Informationen barrierefrei zugänglich zu machen. Bilder und Links können so mit ergänzenden Kommentaren oder Beschreibungen versehen werden. Dies ist eine zusätzliche Informationsebene für alle Nutzer - die zudem durch die Screen-Reader ausgelesen werden kann.

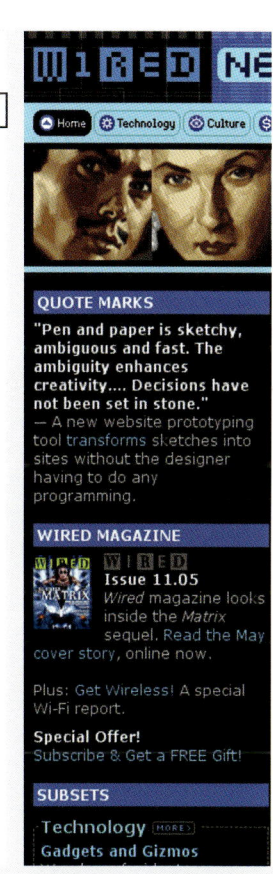

Schriftgröße
Sind Texte editierbar angelegt, kann die Schriftgröße über den Browser eingestellt werden – allerdings oft mit Auswirkungen auf das Layout. Alternativ berücksichtigt das Layoutkonzept bereits verschiedene Schriftgrößen, die als Funktion in das Interface integriert werden. Auch «echte» Zoom-Funktionen verhelfen zu besserer Lesbarkeit.

3.3.0

Ein Layout – viele Gesichter

Der einzige Zeitpunkt, an dem ein digitales Layout seine «originale» Form hat, ist wahrscheinlich der kurz vor seinem Einsatz. Ist es erst einmal «online» oder «rolled out», können die technischen Bedingungen im Betrieb sehr von denen der ursprünglichen Entwicklungsumgebung abweichen – erst recht die visuellen Vorlieben der Anwender. Jeder Nutzer hat zahlreiche Möglichkeiten, durch eigene Einstellungen direkten Einfluss auf die Darstellung des Layouts zu nehmen: Im ungünstigsten Fall ist das Layout im späteren Betrieb kaum noch wiederzuerkennen.

3.3.1
My Layout

Ein Layout –
viele Gesichter

Das Original: www.wz-berlin.de
Bei Standardeinstellungen für Monitor und Browser entspricht die Darstellung der Seite den Intentionen des Gestalters.

Farbeinstellungen des Monitors
Bereits hardwareseitig können wesentliche Parameter des Layouts beeinflusst werden.

Systemeinstellung: Eingabehilfe
Auf allen Windows-Systemen erlaubt eine Systemerweiterung die Einstellung «lesefreundlicher» Parameter, hier «Kontrast».

Ein digitales Layout zu gestalten heißt, mit vielen Variablen zu balancieren: mit Hardware, Software und den benutzerspezifischen Einstellungen. Fast scheint es, als sei die Gestaltung digitaler Medien das fortlaufende Gestalten von Kompromissen. Was auf der Anwenderseite unter technischen Gesichtspunkten durchaus Sinn macht, ist unter kommunikativen Aspekten höchst fragwürdig. Betrachtet man zum Beispiel die kommunikative Zielsetzung bei der Farbwahl, spezifische Bedingungen der Wahrnehmung oder auch strenge Vorgaben an das konsistente Erscheinungsbild im Rahmen eines Corporate Designs, zeigt sich schnell, weshalb Gestaltungsfragen manchmal ohne Kompromisse gelöst werden müssen.

Selbst die ständige Anpassung der Gestaltung an die Vielfalt und das Tempo der technischen Entwicklung kann schnell zur «Sisyphusarbeit» werden: Die primäre Ausrichtung an diesen Faktoren ermöglicht selten die Entwicklung einer unverwechselbaren und konsequenten Gestaltungslösung. Hier sind Entscheidungen gefragt, die Planungssicherheit für einen bestimmten Anwendungszeitraum schaffen – um dann, beim nächsten Relaunch, die technische und gestalterische Anpassung wieder ebenso konsequent umsetzen zu können.

Browsereinstellung: Keine Bilder
Fotos und als Bild angelegte Elemente (Logo, Teile der Navigation) werden nun nicht mehr dargestellt.

Browsereinstellung: Eigene Schrift
Durch die Wahl einer Serifenschrift anstelle der Arial/Geneva-Vorgabe verändert sich der Umbruch, und die Lesbarkeit ist sehr stark eingeschränkt.

Browsereinstellung: Keine Stylesheets
Stylesheets fixieren Eigenschaften des Layouts. Werden sie ausgeschaltet, ergeben sich gravierende Änderungen.

3.3.2
My Layout

Explizite Persona-
lisierung des Layouts

Explizite Personalisierung des Layouts

Die Möglichkeit, ein Layout nach eigenen
Vorlieben zu verändern, kennzeichnet eine ganz
eigene Gruppe von digitalen Anwendungen. Sie
ermöglichen eine «explizite Personalisierung»:
Die Anwender können in einem vordefinierten
Rahmen in das Erscheinungsbild eines Layouts
eingreifen. Ziel ist es, so eine stärkere persönliche
Bindung des Nutzers an «sein» Layout zu erreichen und den Service-Gedanken einer Anwendung zu unterstreichen. Dies gelingt zum Beispiel
durch die Auswahl von Bildmotiven, Farben oder
Schrifttypen. Erstaunlich dabei ist, wie sehr schon
wenige gezielte Eingriffe in das Layout ein völlig
anderes Erscheinungsbild bewirken können.

1. Auswahl Farbthema

Über eine Preference-Setting-Seite sind
variable Parameter auswählbar, hier eine
Änderung des Farbklimas anhand vor-
definierter Kombinationen.

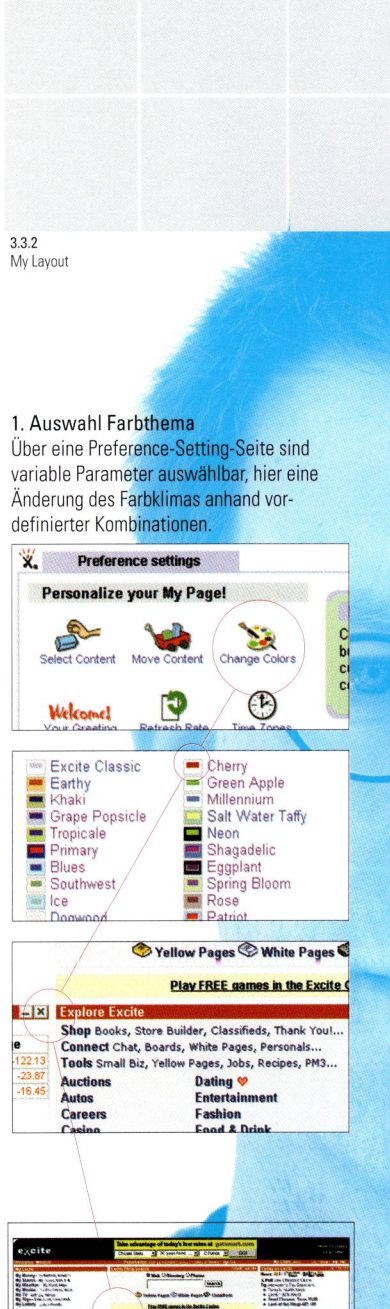

2. Layout-Arrangement

Änderung der Layoutstruktur von drei auf
zwei Spalten. Daneben können auch die
Inhalte innerhalb der Spalten verschoben
werden.

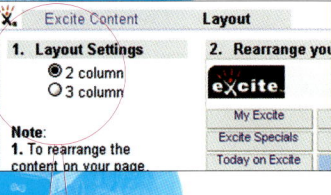

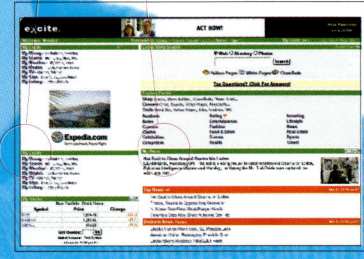

Ein Layout, von dem man vorher gar nicht weiß, wie es möglicherweise später aussehen wird, setzt ein hohes Maß an systematischen Gestaltungsmerkmalen voraus: Sämtliche Bestandteile sollten modular aufgebaut sein. Die Ordnungssystematik sollte einfache Strukturen aufweisen und eine Kombination der Module, zum Beispiel in Spalten, ermöglichen. Konstante Elemente erfordern Bereiche im Layout, die von der Einflussnahme ausgenommen sind und dies aufgrund ihrer exponierten Position signalisieren.

3. Hintergrundbild

Auswahl eines Hintergrundmotivs aus einer Themenliste. Danach wurde das Farbklima wieder an die persönlichen Vorlieben angepasst.

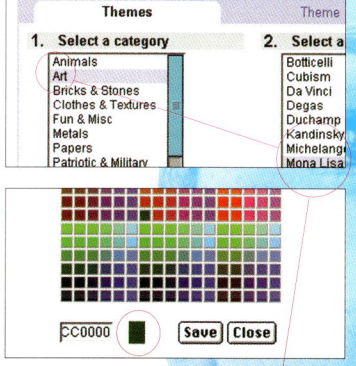

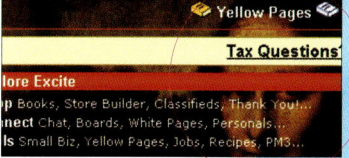

4. Änderung Textgröße und Textfarbe

Hier wird die Textgröße erhöht und die Textfarbe angepasst. Durch den vergrößerten Text verschiebt sich der gesamte Seitenaufbau.

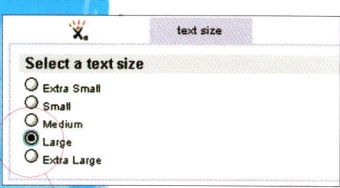

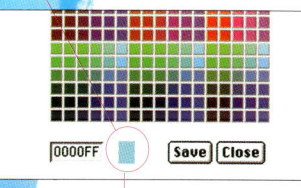

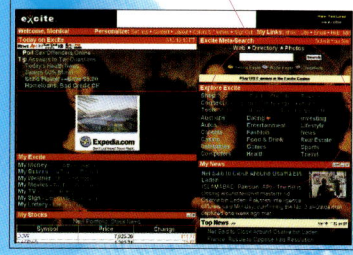

3.3.3
My Layout

Explizite Personalisierung des Inhalts

Interaktive Medien lassen sich auch als Interessensmedien bezeichnen. Der Begriff Interessensmedium meint hier im Speziellen, dass die Anwender weitestgehend selbst entscheiden, womit, zu welchem Zeitpunkt und auf welche Art sie sich damit befassen wollen. Dies betrifft nicht nur die Auswahl zwischen verschiedenen Websites, sondern auch die individuelle Selektion von Informationen und deren Abstimmung auf persönliche Interessen innerhalb ein und derselben Website. Die Möglichkeit zur «expliziten Personalisierung» von Informationen zielt – im Gegensatz zum Eingriff in das Erscheinungsbild – weniger auf das «Verschönern» des Layouts als

1. Zusammenstellung Schlagzeilen

Art und Zahl der Themen können im Bereich «Schlagzeile» angepasst werden, wie auch die Zahl der Meldungen pro Thema.

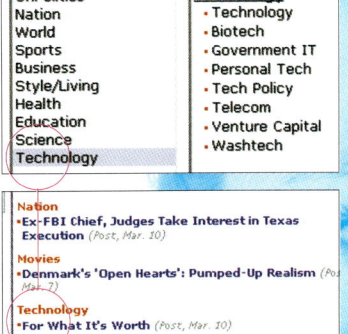

2. Lokales Wetter

Die Wettervorhersage kann dem Wohnort des Nutzers angepasst werden: Hier wird New York ausgewählt.

vielmehr auf eine Optimierung der Informationen: sich im unübersichtlichen Angebot des Internets den Überblick verschaffen und auf einen Blick sehen, was wichtig und interessant ist. Die Personalisierung von Informationsangeboten funktioniert in einem vordefinierten Spektrum an Auswahlmöglichkeiten. Auch sie setzt eine übersichtliche Strukturierung des Layouts voraus: klare Spalten- und Unitaufteilungen, eindeutige Festlegung der Größe der grafischen Elemente und eine konsistente Kennzeichnung sämtlicher Bestandteile. Anders jedoch als beim Eingriff in das Layout erwarten die Anwender bei der Personalisierung des Inhalts, dass das Layout in gewohnter Weise dargestellt wird und ebenso durchgängig kodiert ist – also so wenig Überra-

schungen wie möglich aufweist, damit Orientierung und Funktion einwandfrei gewährleistet bleiben. Die Personalisierung der Inhalte bewirkt in fast allen Fällen ebenfalls einen Eingriff in das Layout, wenngleich dieser meistens erst bei genauerer Betrachtung sichtbar wird.

3. Kinoprogramm
Auch der Umfang der einzelnen Nachrichten-Units lässt sich verändern: Hier wird der Umfang des angezeigten Kinoprogramms erweitert.

4. Entfernen einer Rubrik
Unerwünschte Rubriken lassen sich durch einen einfachen Klick entfernen: Fertig ist die individuelle Nachrichtenseite.

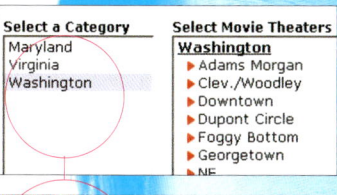

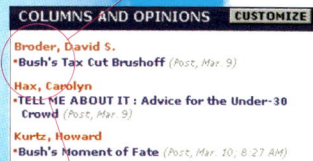

3.3.4
My Layout

Implizite Individualisierungen –
die Software hilft mit

Interaktion mit digitalen Medien ermöglicht
auch Veränderungen von Inhalt und Layout,
die nicht unbedingt von den Anwendern bewusst
initiiert werden, aber trotzdem eine persönliche
Anpassung bewirken. «Implizite» Individualisierungen, die weitestgehend durch das Medium
selbst ausgeführt werden, lassen sich in drei
Gruppen unterteilen: solche, die Benutzergruppen
nach festgelegten Regeln filtern und entsprechende Anpassungen auslösen (Rule-based Filtering),
Individualisierungen, die das Interesse der Anwender nach klassifizierten Inhalten filtern und
dadurch Angebote optimieren (Content-based

Rule-based Filtering
Einfache, stark standardisierte Regeln
initiieren eine individuelle Anpassung der
Inhalte und Layouts: Die Herkunft der Anwender führt zu entsprechenden Sprachver-
sionen, Inhalten und angepassten Layouts.
Die Registrierung bei einer Website macht
die Anwender identifizierbar und dem-
entsprechend kann das Angebot optimiert
werden.

Content-based Filtering
Alle Inhalte entsprechen klaren Kategorien
und sind einheitlich klassifiziert. Dem Interesse der Anwender kann dann mit ähnlichen
Angeboten gedient werden. Dies erfordert
sehr dynamische und flexible Strukturen im
Layout, da nie vorhergesehen werden kann,
wie viele Treffer den Interessen entsprechen.

www.ge.com
Die Herkunft des Besuchers
wird durch die Sprachversion
seines Browsers bestimmt –
sie führt den Benutzer direkt
zu den relevanten Sprach-
seiten der Website.

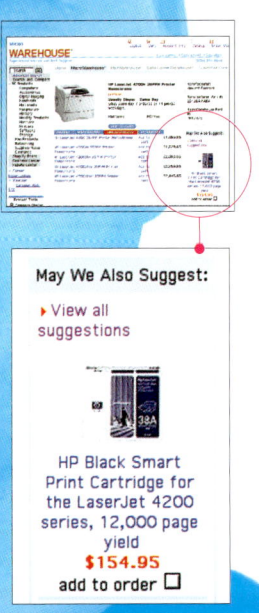

www.mini.com
Beim wiederholten Besuch
der Site wird der registrierte
Nutzer namentlich begrüßt.

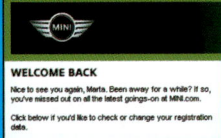

www.warehouse.com
Eine strenge Kategorisierung
der Produkte ermöglicht
Links zu ähnlichen Artikeln.

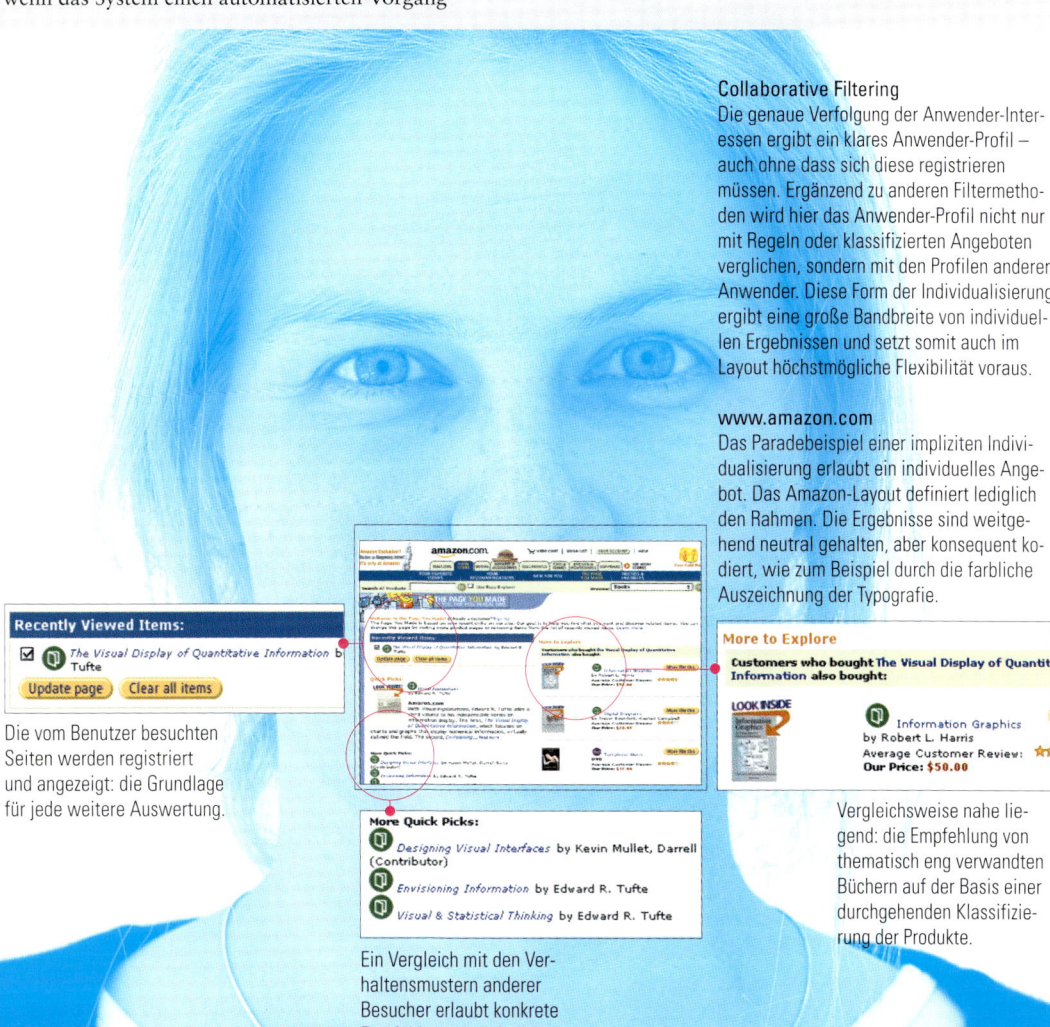

Filtering), und schließlich Individualisierungen, die das Interesse und das Verhalten einzelner Anwender mit dem anderer Anwender abgleichen und die mittels der Vorausberechnung möglicher Verhaltens- und Interessensmuster entsprechende Angebote unterbreiten (Collaborative Filtering). Ziel jeder systemgesteuerten Individualisierung ist es, eine möglichst genaue Übereinstimmung (Match) zwischen dem Angebot einer digitalen Anwendung und den Interessen der Nutzer herzustellen. Das hat auch Auswirkungen auf das Layout: von der Bereitstellung verschiedener Layoutvarianten, der Einbindung individualisierter Module bis hin zur grafischen Kennzeichnung individuell arrangierter Bestandteile. Immer, wenn das System einen automatisierten Vorgang der Individualisierung initiiert, gilt es, diesen Prozess auch visuell nachvollziehbar zu machen. Gleichzeitig sollten die Anpassungen aber so differenziert erfolgen, dass sie nicht den Eindruck erwecken, dem Anwender etwas völlig Neues anzubieten. Voraussetzung dafür ist ein modularer Aufbau, verbunden mit einem klaren Konzept der grafischen Kodierungsmöglichkeiten durch Farben, typografische Auszeichnungen oder kennzeichnende Bildelemente. Die gestalterische Arbeit an einem individualisierbaren System ist Arbeit am Detail – und erfordert gleichzeitig, visuellen Spielraum für flexible Anpassungen zu schaffen, um ein unverwechselbares Erscheinungsbild zu ermöglichen.

Collaborative Filtering
Die genaue Verfolgung der Anwender-Interessen ergibt ein klares Anwender-Profil – auch ohne dass sich diese registrieren müssen. Ergänzend zu anderen Filtermethoden wird hier das Anwender-Profil nicht nur mit Regeln oder klassifizierten Angeboten verglichen, sondern mit den Profilen anderer Anwender. Diese Form der Individualisierung ergibt eine große Bandbreite von individuellen Ergebnissen und setzt somit auch im Layout höchstmögliche Flexibilität voraus.

www.amazon.com
Das Paradebeispiel einer impliziten Individualisierung erlaubt ein individuelles Angebot. Das Amazon-Layout definiert lediglich den Rahmen. Die Ergebnisse sind weitgehend neutral gehalten, aber konsequent kodiert, wie zum Beispiel durch die farbliche Auszeichnung der Typografie.

Recently Viewed Items:
☑ The Visual Display of Quantitative Information by Tufte
Update page   Clear all items

Die vom Benutzer besuchten Seiten werden registriert und angezeigt: die Grundlage für jede weitere Auswertung.

More Quick Picks:
Designing Visual Interfaces by Kevin Mullet, Darrell (Contributor)
Envisioning Information by Edward R. Tufte
Visual & Statistical Thinking by Edward R. Tufte

Ein Vergleich mit den Verhaltensmustern anderer Besucher erlaubt konkrete Empfehlungen – ähnliche Interessen innerhalb der gesamten Gruppe vorausgesetzt.

More to Explore
Customers who bought The Visual Display of Quantita Information also bought:
LOOK INSIDE
Information Graphics by Robert L. Harris
Average Customer Review: ★★
Our Price: $50.00

Vergleichsweise nahe liegend: die Empfehlung von thematisch eng verwandten Büchern auf der Basis einer durchgehenden Klassifizierung der Produkte.

3.3.1
My Layout

No more Layout?

In der Welt der digitalen Medien hat auch der Anwendungsbereich des Layouts seine Grenzen: Tatsächlich ist die Distribution von Daten und Informationen nicht unbedingt an eine visuell aufbereitete Form gebunden, wie zum Beispiel eine Website. Es gehört sogar zur Grundidee des Internets, Informationen in immer neuen Zusammenhängen und Kombinationen bereitzustellen. Die Trennung von Inhalt und Form, zum Beispiel bei einigen XML-basierten Datenformaten, führt zu einer Auflösung des traditionellen Layoutbegriffs. Werden Inhalt und Form getrennt, können sie auch von zwei unterschiedlichen Anbietern stammen, die unter Umständen nichts voneinander

Wessen Layout?

Der Web-Anbieter Crayon ermöglicht die Zusammenstellung einer eigenen News-Site, die sich aus Teilen anderer Websites zusammensetzt. Der vorgegebene Rahmen hält sich betont zurück.

News-Aggregators

Das Datenformat RSS ermöglicht das Einbinden von standardisierten Textnachrichten auf unterschiedlichsten technischen Plattformen. Das Layout entstammt dabei immer der verwendeten Software – nicht dem Original des Anbieters der Daten.

Das Original:
www.nasa.gov/news

Das Original:
www.wired.com

Integriert in
www.crayon.net

Die Nachricht im News-Aggregator
NetNewsWire

wissen und somit ihre Angebote auch nicht aufeinander abstimmen können. Beispiele hierfür sind Websites, die ihre Informationen aus anderen Websites zusammenstellen, oder auch Softwareprogramme («News Aggregators»), die ihre Informationen über spezielle Dateiformate (zum Beispiel RSS / RDF) bereitstellen und das Internet lediglich als Transportweg nutzen.

Layouts ohne vorbestimmte Inhalte können mit diesen kaum eine Verbindung eingehen und deren Vermittlung konnotativ unterstützen. Sie bleiben zwangsläufig eher neutral und übernehmen hauptsächlich Aufgaben der Datenorganisation, Benutzerführung und Distribution. Die Trennung von Inhalt und Form bewirkt also eine komplett eigene Art der Kommunikation, bei der die Form

kein direkter Teil der Botschaft mehr ist. Die automatisierte Distribution von Dokumenten wird so zur vorrangigen Distribution von Informationen, die zu diesem Zweck in stark standardisierter Form aufbereitet sein müssen. Solche neutralisierten Informationen lassen sich zwar sehr einfach verbreiten, ihnen fehlt jedoch ein eigenständiges Erscheinungsbild. Umgekehrt lassen sich gerade die Layouts derartig standardisierter Systeme oft in den zuvor beschriebenen Formen personalisieren. Die Konsequenz ist ein Ergebnis, das mit der eigentlichen Synthese von Form und Inhalt nichts mehr zu tun hat. Deshalb gilt es hierfür neue Ausdrucksformen zu finden – eine der wichtigen Herausforderungen für die Arbeit am neuen Layout.

Übersetzungsroboter

Trennung des Inhalts von der Form – und die Rückführung des Inhalts in eine neue Form. Welche Rolle übernimmt das Layout, wenn es nach der Übersetzung auf der Strecke bleibt? Welchen Informationsgehalt hat der übersetzte Text ohne das Layout?

PDF > HTML

Das Original und seine Kopie – wobei zunächst Inhalt und Form getrennt wurden, um sie schließlich nach scheinbar formalen Kriterien wieder zusammenzuführen. Automatisierte Dokument-Generatoren sollen das Arbeiten mit digital distribuierter Information erleichtern.

No Layout please!

In vielen Fällen ist das gestaltete, aufwendige Layout schlicht unerwünscht. Meistens sind es technische Gründe (Ladezeiten, Druckausgabe etc.), weshalb Anwender die Nur-Text-Version bevorzugen.

www.wired.com

Titelseite eines PDF
(www.commerzbank.de/aktionaere)

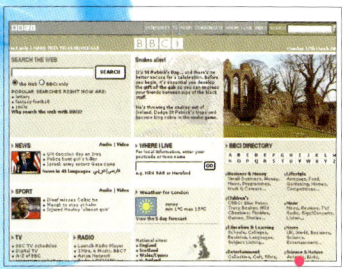

www.bbc.com

Übersetzung durch
www.google.de

HTML-Version des PDF bei
www.google.de

Nur-Text-Version

Bibliographie

Against Method
Paul Feyerabend
W W Norton & Co, 1993

Bildkonzepte
Peter Jenny
Verlag Hermann Schmidt,
2000

**Ein Bild ist mehr
als ein Bild**
Christian Doelker
Klett-Cotta, 1997

**Business Knowledge
Management**
Volker Bach, Petra Vogler,
Hubert Österle
Springer Verlag, 1999

Compendium for Literates
Karl Gerstner
The MIT Press, 1975

Computers as Theatre
Brenda Laurel
Addison-Wesley, 1991

2D Visual Perception
Moritz Zwimpfer
Verlag Niggli AG, 1994

Design By Numbers
John Maeda
The MIT Press, 1999

Design Writing Research
Ellen Lupton,
J. Abbott Miller
Princeton Architectural
Press, 1995

**The Designer
and the Grid**
Lucienne Roberts,
Julia Thrift
RotoVision SA, 2002

**Designing visual
interfaces**
Kevin Mullet, Darrell Sano
SunSoft Press, 1995

Experience Design
Nathan Shedroff
New Riders, 2001

Farbhunger
Peter Jenny
Verlag Hermann Schmidt,
2000

**Handbuch der
Kommunikationsguerilla**
L. Blissett, S. Brünzels
Verlag Libertäre
Assoziation, 2001

The Humane Interface
Jef Raskin
Addison-Wesley, 2001

Interface
Gui Bonsiepe
Bollmann, 1996

Interface Culture
Steven Johnson
Basic Books, 1997

Kleine Medienchronik
Hans H. Hiebel
Beck´sche Reihe, 1997

**The Language
of New Media**
Lev Manovich
The MIT Press, 2001

Lesetypographie
Hans Peter Willberg,
Friedrich Forssmann
Verlag Hermann Schmidt,
1997

**Macintosh Human
Interface Guidelines**
Apple Computer Inc.
Addison-Wesley, 1992

Maeda@Media
John Maeda
Universe Books, 2001

Map in Minds
Roger M. Downs,
David Stea
HarperCollins, 1977

Mapping
Roger Fawcett-Tang
RotoVision, 2002

Mapping Cyberspace
Martin Dodge, Rob Kitchin
Routledge, 2001

**The Measurement
of Meaning**
Osgood/Suci/Tannenbaum
University of Illinois Press,
1967

Montage und Collage
Hanno Möbius
Wilhelm Fink Verlag, 2000

Navigation im Internet
Studio 7.5
Rowohlt, 2002

Rastersysteme
Josef Müller-Brockmann
Niggli, 1988

Remediation
Jay David Bolter, Richard
Grusin
The MIT Press, 2000

**Tacho 3 – Medien,
Kunst, Kommunikation**
Zentrum für Kunst und
Medientechnologie, 1992

**Vom Tafelbild zum
globalen Datenraum**
Peter Weibel
Zentrum für Kunst und
Medientechnologie, 2001

Understanding Media
Marshall McLuhan
Gingko Press, 2003

Vom Wort zum Bild
Werner Gaede
Wirtschaftsverlag
Langen-Müller/Herbig, 1992

Warum die Liebe rot ist
Rudolf Gross
Econ, 1981

Websites visualisieren
Paul Kahn, Kris Lenk
Rowohlt, 2001

Wie Farben wirken
Eva Heller
Rowohlt, 1991

**The Windows Interface
Guidelines for
Software Design**
Microsoft Corporation
Microsoft Press, 1995

Zeichen über Zeichen
Dieter Mersch
10 Design-Theorie, 1998

Zeichensysteme
Otl Aicher, Martin Krampen
Ernst & Sohn, 1996

Zitierte Bücher

Interface
Gui Bonsiepe
Bollmann, 1996

Lesetypographie
Hans Peter Willberg,
Friedrich Forssmann
Verlag Hermann Schmidt,
1997

Montage und Collage
Hanno Möbius
Wilhelm Fink Verlag,
2000

**The Measurement
of Meaning**
Osgood/Suci/Tannenbaum
University of Illinois Press,
1967

Vom Wort zum Bild
Werner Gaede
Wirtschaftsverlag
Langen-Müller/Herbig, 1992

Quellen im Internet

Wahrnehmung

George A. Miller: The Magical Number Seven, Plus or Minus Two: Some limits on our capacity for processing information. Psychological Review, 1956
www.well.com/user/smalin/miller.html

Robert S. Tannen: Breaking the Sound Barrier: Designing Auditory Displays for Global Usability/en
www.research.att.com/conf/hfweb/proceedings/tannen/

Aaron Marcus, Edward Guttman: Globalization of User-Interface Design for the Web, 1999
www.amanda.com

Usability

http://psychology.wichita.edu
www.poynterextra.org/et/i.htm
http://zing.ncsl.nist.gov/
www.research.microsoft.com

Accessibility

www.w3.org/WAI/

Verweise auf Adressen im Internet

Kapitel 1.2

www.terra.com
www.time.com
www.newscientist.com
www.globalist.com
www.commerzbank.com
www.commerzbanking.de
www.ntt.co.jp
www.lemonde.fr
www.macnews.de
www.harpers.org
www.google.com
www.aldaily.com
www.selfhtml.org
www.c64.com
www.k10k.net
www.nylon.media.mit.edu
www.sodaplay.com
www.asstech.com
www.irrationalcontraption.net
www.hfg-gmuend.de
www.unipublic.unizh.ch
www.ic-berlin.de
www.onemedia.com
www.wz-berlin.de
www.sfmoma.com
www.guggenheim.com
www.izumi.co.jp
www.bankofscotland.co.uk
www.bankgesellschaft.de
www.tibank.bg
www.colmencapital.com
www.jpmorgan.com
www.allianz.com
www.bcl.lu
www.chase.com
www.closept.com
www.ml.com
www.munichre.com
www.taylor-companies.com
www.barbie.com
www.inxight.com
www.craigarmstrong.com
www.kognito.de
www.richardrogers.co.uk
persona.www.media.mit.edu/judith/
VisualWho
www.barkowleibinger.com
www.overage4design.com
www.zavesmith.com
www.kostasmurkudis.de
www.isseymiyake.com
www.integral.ruedi-baur.com
www.artemide.com
www.topshop.co.uk
www.huskycz.cz
www.mpib-berlin.mpg.com
www.saab.com
www.dccard.co.jp
www.cmart.design.ru
www.bulthaup.com

Kapitel 2.1

www.rempe.de
www.nl-design.net/browserday
www.twoto.com
www.isseymiyake.com
www.ikepod.com
www.triquart-partner.de
www.madxs.com
www.heinlewischerpartner.de
www.helmutlang.com
www.sun.com
www.cnn.com
www.commerzbank.com

Kapitel 2.2

www.hp.com
www.nytimes.com
www.albahhar.com
www.oebb.at
www.politie.nl
www.northface.com
www.leica.com
www.bang-olufsen.com
www.nike.com
www.transmediale.de
www.sfmoma.com
www.freitag.ch
www.siemens.com
www.siemens-mobile.com
www.fujitsu-siemens.com
www.infineon.com
www.siemens-tts.ch
www.mechoptronics.com
www.vdo.com
www.vdodayton.de
www.my-siemens.com
www.ad.siemens.com
www.siemens.com.eg
www.siemens-mobile.de

Kapitel 2.3

www.hvbgroup.com

Kapitel 3.1

www.ubs.com
mail.yahoo.com
www.nationalgeographic.com
www.cyberport.de
www.disney.com

Kapitel 3.2

www.amazon.com
www.apple.com
www.guardian.co.uk
www.batida.com
www.audiotourism.co.uk
www.freefarm.co.uk
www.gsup.de
www.yugop.com
www.bbc.co.uk
www.samsung.com
www.haiku.it
www.coca-cola.com.tr
www.coca-cola.com.cn
www.cocacolabrasil.com.br
www.allegra.de
www.mvrdv.nl
www.zeit.de
www.washington-post.com
www.dradio.de
www.cnn.com
www.wired.com

Kapitel 3.3

www.wz-berlin.de
www.excite.com
www.washington-post.com
www.ge.com
www.mini.com
www.warehouse.com
www.amazon.com
www.nasa.gov/news
www.crayon.net
www.wired.com
www.google.de
www.bbc.com

Weitere Beispiele:

Daniel Rothaug «Coloreader», Sascha Kempe «Hyperfiction», Erik Adigard, Studio Neue Gestaltung (Eva Wendel, Daniela Burger, Hermann Hülsenberg, Pit Stenkhoff), «BRAIN».

Bildnachweis:

Seite 118: Coolmuseum,
www.coolmuseum.de
Seite 124: NASA,
www.spaceflight.nasa.gov
Alle anderen Fotografien: kognito, Berlin

Dank an alle, die uns ihre «...many faces» in Kapitel 3.3.0. zur Verfügung gestellt haben.

Danke!

Nanette Amann für die taytägliche
Unterstützung – und Geduld.

Michael Heimann, Markus Christian
und Nigel J. Luhman für den professionellen
Einsatz.

Carola Zwick für die erfahrene Betreuung,
Brian Morris für sein großes Vertrauen in
dieses Projekt und dem Redaktionsteam von
AVA Publishing SA für die harte Arbeit.

Dörte Beilfuss, Jin-Young Choi, Bernd
Göbel, Marta Pasiek und allen anderen bei
kognito für die große Unterstützung.

**Dank auch für die hilfreiche Unterstüt-
zung und die Bereitstellung wichtiger
Beiträge zu diesem Buch:**

Gui Bonsiepe, Hanno Ehses, Philipp
Heidkamp, Michael Klar, María González
de Cosío, Erich Schöls, Pit Stenkhoff
und Oliver Wrede.